KB060537

세상에서
가장
간단한
육아책

【 일러두기 】

1. 이 책의 원서는 미국에서 출간되었습니다. 소개되는 내용 중 일부는 한국에 아직 정착되지 않았거나, 한국의 현재 사정과는 다를 수 있습니다.

2. 이 책에 제공된 정보는 전문적인 의료 조언, 진단, 치료를 대신할 수 없습니다. 독자 여러분과 아이에게 적합한 치료인지 확인하고자 하실 경우 주치의나 전문 의료인과 상담할 것을 권장합니다.

세상에서 가장 간단한

초보 엄마아빠를 위한
핵심 매뉴얼

육아책

S.M. 그로스, 제레미 F. 샤피로, 가브리엘라 테르헤시 칼슨,
심플리스트베이비 커뮤니티 지음 | 권은정 옮김

시그마북스
Sigma Books

세상에서 가장 간단한 육아책

발행일 2024년 3월 29일 초판 1쇄 발행
지은이 S.M. 그로스, 제레미 F. 샤피로, 가브리엘라 테르헤시 칼슨, 심플리스트베이비 커뮤니티
옮긴이 권은정
발행인 강학경
발행처 시그마북스
마케팅 정제용
에디터 양수진, 최연정, 최윤정
디자인 강경희, 김문배

등록번호 제10-965호
주소 서울특별시 영등포구 양평로 22길 21 선유도코오롱디지털타워 A402호
전자우편 sigmabooks@spress.co.kr
홈페이지 http://www.sigmabooks.co.kr
전화 (02) 2062-5288~9
팩시밀리 (02) 323-4197
ISBN 979-11-6862-223-4 (13590)

The Simplest Baby Book in The World
Original English language edition published by agreement with Design Studio Press
Copyright ⓒ 2021 by Simplest Company LLC.
Korean translation copyright ⓒ 2024 by SIGMA BOOKS
All rights reserved

이 책의 한국어판 저작권은 Design Studio Press와 독점계약한 **시그마북스**에 있습니다.
저작권법에 의하여 한국 내에서 보호를 받는 저작물이므로 무단전재 및 복제를 금합니다.

파본은 구매하신 서점에서 교환해드립니다.

* **시그마북스**는 (주)시그마프레스의 단행본 브랜드입니다.

"완벽한 부모 같은 건 없다. 우리는 최선의 부모가 되는 법을 배워나갈 뿐이다."

- S.M. 그로스

한국 독자들에게

건강하고 행복한 아이를 키우고 싶다는 마음으로 이 책을 선택해주신 한국의 부모님들께 감사를 전한다.

이 책은 초보 아빠로서 다양한 육아 문제를 극복해나갔던 경험, 그리고 지역사회의 육아 전문가들 및 다른 부모님들과 함께 일하고 대화하면서 축적한 유익한 정보를 바탕으로 만들어졌다.

아쉽게도 나는 한국에 방문할 기회가 아직 없었다. 또 한국의 육아 환경과 현재 문제들이 어떻게 흘러가는지 자세히 알지는 못한다. 하지만 확실하게 아는 것은, 국적, 성별, 문화의 차이에 관계없이 모든 사람들은 훌륭한 부모가 되고 싶은 열망을 가지고 있다는 것이다. 또한 초보 부모님들이 직면하게 되는 어려움과 스트레스에 대해서도 충분히 이해한다.

인터넷과 SNS가 매우 발달한 한국에서는 어쩌면 육아 관련 정보를 얻는 것이 쉬울지도 모른다. 하지만 그 정보가 워낙 방대하다 보니, 오히려 그중 어떤 정보를 선택하고 신뢰해야 할지 어려움을 겪고 있는 분들도 많으리라 생각한다.

초보 부모님들이 육아 여정의 첫발을 내딛는 데에, 이 책이 친절하고 믿음직한 길잡이가 되어주길 바란다.

감사합니다.

스티브

바치는 글

아빠가 되면서 말로 다 표현할 수 없을 만큼 많은 것을 배웠다. 부모들이 겪는 노고를 완전히 새로운 눈으로 이해하고 공감하게 되었다.

우리 누나에게는 그저 이렇게 말해주고 싶다. **와, 정말 존경하고, 존경하고, 또 존경한다고!** 누나는 전업주부 엄마로 살다가 7년 만에 이혼했다. 그 이후에는 다시 취업 전선에 뛰어들어서 자력으로 두 아들을 키워야 했다. 맙소사, 혼자 돈을 벌며 아이들을 키운다는 것은 나로서는 상상도 할 수 없는 일이다. 그 모든 시간이 지나고 누나의 두 아들은 예의 바르고 안정적인, 아주 멋진 청년으로 성장했다. 누나는 수많은 일을 잘 해냈지만 그 과정은 말도 안 되게 힘들었을 것이다. 누나에게 미안하다고 말하고 싶다. 그 당시에는 (전형적인 남자들처럼) 이 모든 어려움을 이해하지 못해서, 그리고 더 든든한 동생이 되어주지 못해서 미안하다고.

누나는 아마 잘 모르겠지만 그런 누나의 모습이 내게 영감을 줬고 이 책을 쓰게 된 이유 중 하나가 됐어. 아이를 키우려면 온 마을이 힘을 합쳐야 한다는 말은 진리야. 하지만 누구나 가족과 가까이 사는 것도 아니고, 곁에 도와줄 사람이 늘 있는 것도 아니잖아. 나는 이 책이 누나처럼 모든 일을 하나부터 열까지 혼자 해내야만 하는 다른 엄마와 아빠를 비롯한 양육자들에게 도움이 되길 바라. 그리고 『세상에서 가장 간단한 육아책』이 초보 부모들을 도와줄 커다란 마을의 일부가 되길 바라. 누나와 나를 도와줬던 많은 사람들처럼 이 책이 그들에게 작은 힘이 됐으면 좋겠다.

나의 누나가 돼줘서 고맙고 진심으로 사랑해.

스티브

들어가며

초보 아빠로서 나는 아이를 키우는 일에 대한 지식이 거의 없었고 가족과도 멀리 떨어져 사는 탓에 든 든한 지원군도 없었다. 책이나 웹사이트, 블로그, 동영상 등을 통해 정보를 구했지만 하나같이 너무 방대하고 막막했으며, 무엇보다 요즘 추세에 맞게 간단히 정리된 내용이 거의 없었다.

그래서 나는 이 분야에 대해 가장 잘 아는 사람들인 엄마, 아빠, 간호사, 의사, 보모 등으로 이루어진 한 단체와 직접 무수한 대화를 나누고 조사하면서 핵심 정보를 추려보았다.

내가 경험한 힘든 일들은 다른 초보 부모들
에게도 분명히 힘들 테니까.

『세상에서 가장 간단한 육아책』의
아이디어도 이런 생각에서 시작되
었다. 수집된 정보를 공유함으로써
초보 부모들에게 빠르고 간편하게 해결
책을 제시하고, 또 부모들끼리 서로
지지하며 정보를 나눌 수 있는
안전한 장소를 만들고 싶었다.

당황하지 말아요.

잘 할 수 있어요.

이 책이 필요한 이유

이 책을 고른 당신은 아마도:

- 임신 중이거나 만 1세 미만의 아기를 키우고 있어요.

- 아이를 잘 돌보는 방법을 배우고 싶어요.

- 1,000쪽이 넘는 두꺼운 책을 읽을 시간이 없어요.

- 친구들이나 가족, 인터넷에서 중구난방으로 쏟아져 나오는 정보에 지쳤어요.

- 아기가 밤에 통잠을 잤으면 좋겠어요.

- 간단하고 예측 가능한 돌봄과 낮잠, 놀이 습관을 원해요.

- 아기가 건강하고 행복하며 안전하고 안정적이길 바라요.

- 과소비 없이 아기에게 꼭 필요한 물건만 구입하고 싶어요.

- 가장 적절한 제품을 추천받고 싶어요.

- 내가 삶을 주도한다는 느낌을 되찾고 싶어요.

- 부모라는 여정을 즐겁게 느끼는 시간이 많아졌으면 좋겠어요.

『세상에서 가장 간단한 육아책』

사용법

1. 큰 그림부터 파악하기

발달 단계를 보여주는 그림을 통해 아기가 어떤 목표를 달성해야 하는 시기인지 알아보세요.

2. 심플리스트 베이비플랜™에 동참하기

이 책에서 제시하는 스케줄은 우리가 모든 일을 스스로 통제하는 동시에 아기가 중요한 목표를 잘 성취할 수 있도록 도와준답니다.

그리고 꼭 필요한 물품만 구입하고 비용을 절약하세요! ·······

각 장에서는 우리에게 필요한 물품과 더 이상 필요하지 않은 물품을 간략히 알려드립니다.

쇼핑 & 블로그

Simplestbaby.com에 방문하여 똑똑한 아기용품 추천 목록, 꼭 알아야 할 핵심 사항, 유익한 정보가 담긴 게시물을 확인하세요.

팁과 요령

책 구석구석에서 이런 유용한 팁을 발견하게 될 거예요

간단한 팁 삶을 아주 조금 더 쉽게 만드는 데 도움이 되는 소소한 실용적·현실적 조언

아빠의 꿀팁 일상적인 육아 문제에 대한 아빠의 간단한 해결책과 기발한 차선책

3. 가장 간단한 지침 학습하기

주요 기능과 필수 훈련, 가장 시급한 주제들을 학습하세요.

덧붙이기: 꼭 알아야 할 기본적인 사항 학습하기

다음과 같은 주제들이 있습니다.

 식사
 수면
 배변

 돌봄
 의류
 안전

 목욕
 놀이

 여행
 건강
 지원

 정신 건강

심플리스트베이비 커뮤니티

커뮤니티에 가입해서 궁금한 점에 대한 답을 찾고 자신의 경험을 공유하거나, 또는 그저 약간의 격려를 얻으세요.

CONTENTS

육아를 준비하며 ······ 17

곧 시작될 육아를 준비하면서 알아야 할 모든 일과 그 과정에서 필요하게 될 모든 것.

심플리스트베이비플랜™ ······ 31

우리의 포괄적인 계획에 동참함으로써 가장 간단하고 효율적인 방식으로 아기의 욕구를 돌보는 동시에 스스로의 삶을 통제하기.

식사 시간 ······ 39

모유와 분유, 이유식 시작 시기 등 수유에 앞서 알아둬야 할 핵심 사항.

제발 잘 자줘! ······ 87

양육자도 숙면을 취할 수 있도록 밤에 아기를 얼른 통잠에 들게 하는 방법.

변 이해하기 ······ 111

기저귀 교체와 배변 활동, 기저귀 교체 장소 준비에 관한 모든 것.

목욕 ······ 125

아기 목욕에 관해 알아야 할 모든 것.

놀이와 학습 ······ 141

아기 훈련, 사회화, 나눔, 전자기기 사용 시간, 보육 등에 관해 알아야 할 핵심 사항.

아기 돌보기

아기를 위한 개인적인 돌봄 필수 사항과 당신에게 필요할 모든 것.

아기 옷

아기가 성장할 때 꼭 필요한 옷 목록.

안전

아기 보호 장치, 질식 위험 방지, 반려동물 관리 문제를 비롯하여 아기를 안전하게 보호하는 일에 관한 조언.

외출

식당 방문, 자동차나 비행기 탑승에 관한 팁을 비롯하여, 아기를 동반한 외출에 앞서 알아야 할 모든 사항.

건강

가장 흔히 발생하는 건강 관련 문제들과 그에 대한 대비책.

지원

보육과 보모, 베이비시터 등 기본적인 지원의 종류 알아보기.

스트레스 관리하기

새로운 가족을 맞이하는 일은 스트레스가 심할 수 있으므로, 자신을 돌보고 스트레스를 관리하는 방법에 관한 조언 제공.

가끔은
아주 작은 것들이
마음속에서
제일 큰 자리를
차지하곤 해.

- 만화 「곰돌이 푸」에서

육아를 준비하며

그날이 오기 전에 반드시 알아두고 대비할 사항

꼭 필요한 물품

아기 방 꾸미기

아기 침대 1개
침대는 튼튼해야 하며 가장자리에는 창살 간격이 6cm를 넘지 않는 난간이 달려 있어야 해요. 친환경적이고 지속 가능한 자재로 만들어졌으며 무독성 페인트가 사용된 제품을 선택하세요. 침대의 머리판은 아이의 옷이 걸릴 만한 기둥 장식이나 조각된 부분 없이 단단해야 해요.

매트리스 1개
높이가 15cm 정도 되는 단단한 매트리스를 준비하세요. 프탈레이트, 납, 수은이 포함되지 않은 저자극성 제품이어야 해요. 침대 가장자리와 매트리스 사이에 틈이 없이 딱 맞는 사이즈로 고르세요. 그린가드 인증이 있는 제품을 선택하세요.

방수 매트리스 커버 2장
통기성이 좋고 저자극성인 방수 커버를 침대 사이즈에 맞춰 준비하세요.

매트리스 커버 2~3장
면이나 면 혼방, 가벼운 플란넬 소재의 100% 유기농 매트리스 커버.

화재경보기 1대
화재경보기는 아기 방을 비롯한 모든 침실 안에 하나씩 설치해야 해요.

의자 1개
넓고 푹신한 팔걸이와 튼튼한 등받이가 달린 견고하고 편안한 흔들의자나 바운서를 찾아보세요. 움직이는 부품이 노출돼 있거나 아기 손가락이 끼일 만한 틈이 있지는 않은지 확인하세요. 의자를 회전시키거나 눕히는 기능이 있으면 더 좋아요.

일산화탄소 탐지기 1대

일산화탄소를 감지하여 가스 중독을 방지하기 위한 장치예요.

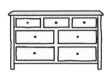

서랍장 1개

서랍이 여러 개 달린 튼튼한 서랍장을 추천해요. 높이는 낮고 가로 길이가 긴 형태가 좋아요. 그러면 서랍장 위에 기저귀 갈이용 패드를 깔 수 있는 공간이 확보되므로 기저귀 교환대를 따로 구입하지 않아도 된답니다.

베이비 캠 1대

유선이나 무선으로 충전이 가능한 베이비 캠을 준비하세요. 야간모드가 있으면 빛이 적거나 없을 때 더욱 선명한 영상을 볼 수 있어요. 확대 기능과 카메라 방향 조절 기능이 있어야 아기의 움직임을 따라갈 수 있어요. 실내 온도를 측정하는 기능도 있으면 좋아요.

빨래 바구니 1개

더러워진 옷, 턱받이, 이불, 아기 손수건 등을 담을 빨래 바구니가 필요할 거예요.

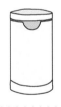

기저귀 쓰레기통 1개

높이가 높고 방수가 되면서 냄새 조절용 필터나 여과장치가 달린 쓰레기통을 준비하세요. 페달을 밟으면 뚜껑이 열리는 제품으로 선택하세요.

아기 침대용 메시안감 1장

꼭 필요하지는 않지만 준비해두면 아기의 팔이나 다리가 침대 난간에 끼이는 사고를 방지하는 데 큰 도움이 될 거예요. 안감은 공기의 흐름을 방해하는 충전재가 없는 가볍고 통기성 좋은 메시 소재여야 해요. 범퍼와는 달라요. 범퍼는 영아돌연사증후군(SIDS)의 위험이 있으므로 아기 침대에 사용해서는 안 돼요.

꼭 맞는 제품으로 준비하세요!

Simplestbaby.com에 접속하여 가장 똑똑한 아기용품 및 필수품 추천 목록을 확인하세요.

휘발성 유기화합물 줄이기

아기 방에 필요한 온갖 신기한 물품들을 구입할 때, 이토록 귀여운 물건 때문에 아기가 건강에 해로울 수도 있는 화학 물질인 휘발성 유기화합물(VOC)에 노출될 가능성이 있다는 사실을 기억하세요.

휘발성 유기화합물(VOC)이란?

수많은 생활용품에서 뿜어져 나오는 이 가스는 실내 공기의 질에 영향을 미쳐요.

이는 제조 과정에서 사용된 화학 약품 때문에 발생하며, 매트리스, 카펫, 의류는 물론이고 아기 장난감에서도 발견된답니다. 이러한 화학 약품들은 우리와 아기의 건강을 해치는 유독 가스를 생성해내요. 시간이 지나면서 거의 흩어져 사라지긴 하지만 그러려면 꽤 오랜 시간이 필요하지요.

VOC의 위험을 줄이기 위한 팁

일찍 시작하세요

아기 방 준비를 일찍 시작해서 소중한 아기가 집에 오기 전에 한 달 동안 실내 공기를 환기하세요.

페인트칠

아기 방에 페인트칠을 할 때에는 초저 VOC나 제로 VOC 페인트, 또는 수성 페인트를 선택하세요. 그런 다음에도 환기를 충분히 할 수 있는 기간을 남겨두는 게 좋아요.

바닥재

바닥재의 종류에 따라 다르겠지만 대체로 카펫 종류 중에 VOC 함유량이 큰 경우가 있어요. 합성 소재로 된 카펫 대신 VOC가 없는 천연 소재인 양털, 면, 사이잘삼, 황마 등으로 만들어진 카펫을 찾아보세요. 목재나 대나무, 코르크로 된 바닥재를 깔거나 간편하게 러그를 까는 것도 좋은 선택지가 될 거예요.

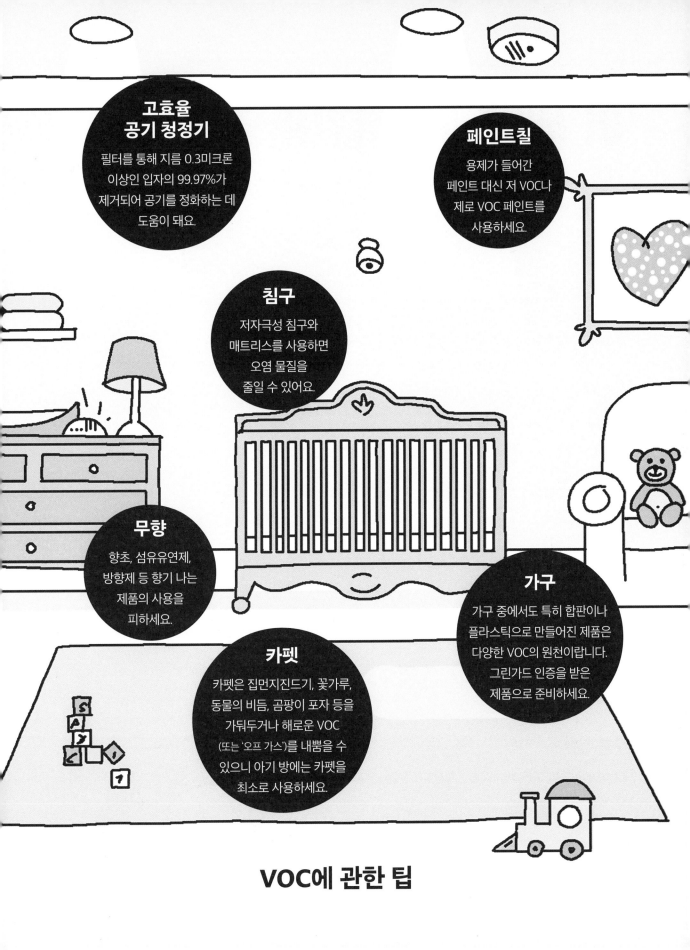

고효율 공기 청정기

필터를 통해 지름 0.3미크론 이상인 입자의 99.97%가 제거되어 공기를 정화하는 데 도움이 돼요.

페인트칠

용제가 들어간 페인트 대신 저 VOC나 제로 VOC 페인트를 사용하세요.

침구

저자극성 침구와 매트리스를 사용하면 오염 물질을 줄일 수 있어요.

무향

향초, 섬유유연제, 방향제 등 향기 나는 제품의 사용을 피하세요.

가구

가구 중에서도 특히 합판이나 플라스틱으로 만들어진 제품은 다양한 VOC의 원천이랍니다. 그린가드 인증을 받은 제품으로 준비하세요.

카펫

카펫은 집먼지진드기, 꽃가루, 동물의 비듬, 곰팡이 포자 등을 가둬두거나 해로운 VOC (또는 '오프 가스')를 내뿜을 수 있으니 아기 방에는 카펫을 최소로 사용하세요.

VOC에 관한 팁

이 세상에 온 걸 환영해

출생 직후에 이뤄지는 일

아기가 태어나자마자 이뤄지는 몇 가지 절차가 있어요. 예상되는 일들은 다음과 같아요.

탯줄 클램핑

아기가 분만되면 일단 탯줄의 배꼽 부근 부위와 배꼽에서 멀리 떨어진 부위를 각각 클램프로 집어놓고 잘라요. 이제 아기는 더 이상 엄마에게서 산소와 영양을 공급받지 않게 되지요.

클램핑 지연

클램핑을 지연하게 되면 출생 직후가 아닌, 출생 후 30초~1분이 지나면 탯줄을 클램핑하고 잘라요. 이는 태반으로부터 아기에게 혈액이 공급되게 해준답니다.

클램핑 지연의 이점

- 헤모글로빈 수치 증가
- 신생아 혈액량 증가
- 철분 수치 증가
- 줄기세포 수치 증가
- 신생아 뇌 속의 미엘린 증가
- 신생아 면역 체계 활성화
- 조산아의 수혈 필요성을 감소시킬 수 있음

지연된 탯줄 클램핑이 산모와 아기에게 적합한지 확인하려면 의사와 상의하세요.

탯줄 절단

클램프로 집은 다음에는 의사나 출산 도우미가 탯줄을 밑동만 남기고 절단해요.

아프가 테스트

출생 후 1~5분이 지나면 아프가 테스트가 수행돼요. 이는 신생아의 상태를 평가하기 위한 점수 체계예요.

아프가란: 외모 (피부색)

맥박 (심박수)

얼굴을 찡그리는 반응 (반사 반응)

활동성 (근긴장도)

호흡 (호흡 수 및 노력)

위의 다섯 가지 상태는 각각 0, 1, 2점으로 매겨져요.

피부 접촉: 자연 분만 후

엄마가 곧바로 아기와 피부를 맞대는 접촉을 원할 경우, 아기의 건강에 이상이 없다면 의사가 분만 직후 엄마의 맨가슴 위에 아기를 내려놓을 거예요. 아기는 분만 후 처치 과정 동안 그 자리에 머무르게 돼요.

피부 접촉: 제왕절개 분만 후

제왕절개로 분만된 경우에는 아기의 폐 속에 양수가 들어 있을 가능성이 있어요. 의사가 이를 확인해본 뒤에 이상이 없다고 판단한다면 엄마와 아기가 피부를 접촉할 수 있도록 아기를 건네줄 거예요.

신생아 신체 계측

간호사가 아기의 공식적인 출생 시 체중과 머리둘레, 신장을 기록할 거예요. 아기의 손도장과 발도장도 찍고 부모 동의하에 목욕도 시켜준답니다.

첫 목욕 지연   세계보건기구는 첫 목욕을 출생 후 최소 24시간이 지날 때까지 지연시키길 권장해요. 아기들은 태지라는 회백색 자연 물질에 덮인 채로 태어나는데 이는 항균성과 치유의 성질이 있는 물질이랍니다.

비타민 K

아기에게 혈액 응고를 돕고 출혈을 방지하기 위한 비타민 K 주사를 놓아요.

안약

신생아의 결막염(눈병)을 방지하기 위해 눈에 항생제 안약을 넣어줘요. 엄마가 클라미디아나 임질에 감염됐던 이력이 있을 경우, 결막염에 걸릴 가능성이 더욱 높아지지요. 안약은 세균을 죽이는 기능도 있지만 성병으로 인한 실명을 예방하려는 목적이 더 커요.

제대혈과 제대 조직 은행

제대혈과 제대 조직 은행은 미래의 활용 가능성을 위해 탯줄에 남아 있는 혈액이나 제대 조직을 저장해 두는 과정을 말해요.

제대혈 은행이란?

탯줄(제대)에 남아 있는 혈액을 채집하여 보관하는 곳이에요. 제대혈에 함유된 조혈모세포는 혈액과 면역 체계의 문제를 치료하는 데 유용하게 쓰일 수 있답니다.

제대혈은 채집하기도 쉬울뿐더러 골수보다 더 많은 줄기세포를 함유하고 있어요.

만약 유전학적인 부모나 형제자매 등의 직계가족 구성원이 골수 이식을 요하는 질병에 걸릴 경우, 신생아의 제대혈이 치료에 활용될 가능성이 있어요.

제대혈 은행의 종류

기증 제대혈 은행
아픈 아이들과 연구를 위해 기증된 제대혈을 보관하는 기관이에요. 이곳에 저장된 제대혈은 누구나 이용할 수 있어요.

가족 제대혈 은행
아기의 가족이 이용할 수 있도록 연회비를 받고 제대혈을 보관해주는 곳이에요.

제대 조직 은행이란?

제대 조직 은행에는 아기의 탯줄 일부분이 보관돼요. 제대 조직에는 신경계와 감각 기관, 혈액순환 조직, 피부, 뼈, 연골로 발달할 수 있는 다양한 종류의 줄기세포 수백만 개가 담겨 있답니다.

이러한 줄기세포는 미래에 질병을 비롯한 의학적 상태를 치료하는 데 활용될 가능성이 있으므로 보존해두기도 하지요.

알아두세요

만약 제대혈이나 제대 조직을 보관하는 데 관심이 있다면 사전에 미리 계획을 세워야 해요.

제대혈과 제대 조직은 통상적으로 병원에서 보관해주거나 가정에 방문하여 채집해주지 않으므로, 제대혈 은행에 관심이 있다면 출산 전에 의사와 병원에 이를 알려야 해요.

또한 자신이 선택한 제대혈 은행에 제대혈 키트를 미리 주문하여 수령해뒀다가 분만하러 병원에 갈 때 그 키트를 가져가야 해요.

제대혈이나 제대 조직을 채집한 이후에는 은행으로 옮겨질 준비가 되었음을 직접 은행에 알려야 해요.

신생아 선별검사

신생아와 병원에 있는 동안 이뤄지는 검사가 몇 가지 있어요. 이는 통상적인 검사이며 의료 종사자들이 특정 상태를 확인하고 치료하는 데 도움이 돼요.

검사 요건

신생아 선별검사는 모든 상태의 신생아에게 필요한 검사예요. 아기의 건강을 보호하고자 고안한 검사이므로, 어떤 이유로든 검사를 거부하려면 주치의와 가장 먼저 상의해야 해요.

병원에서 태어나지 않은 아기도 신생아 선별검사를 받아야 해요. 가정 분만을 계획하고 있다면 면허가 있는 조산사가 신생아 혈액 검사와 청력 선별검사를 수행할 수 있어요. 만약 그렇지 않다면 담당 소아과 의사에게 맡겨야 해요.

조산아 선별검사

건강에 이상이 있거나 출생 시 체중이 낮은 조산아는 특별한 치료가 필요한 의학적 문제를 지니고 있는 경우가 많아요. 이러한 치료 과정에서 아기가 병원에 머무는 동안 1회 이상의 채혈이 요구될 것이며, 이는 검사 결과에 영향을 미칠 수도 있어요.

혈액 검사 발뒤꿈치 천자	청력 선별검사	맥박 산소 측정

신생아의 발뒤꿈치를 찔러서 혈액 방울을 여과지에 떨어뜨린 다음, 이를 연구소로 보내요.

검사로 확인되는 몇 가지 질환은 다음과 같아요.

- 페닐케톤뇨증(PKU)
- 낭포성 섬유증
- 크레틴병(선천성 갑상샘 기능 저하증)
- 단풍당뇨증
- 낫형세포병
- 갈락토스혈증
- 호모시스틴뇨증
- 선천성 부신 과형성

아기의 청력 상실을 검사하는 방법은 두 가지가 있어요.

1. 이음향 방사 검사
아기의 귀가 소리에 어떻게 반응하는지 알아내는 검사예요. 작은 이어폰이나 프로브를 아기의 귀에 꽂고 소리를 틀어요. 청력이 정상인 경우에는 음파가 외이도를 거쳐 돌아오게 되며, 이러한 음파는 프로브를 통해 측정돼요. 만약 울림이 감지되지 않는다면 청력 상실의 가능성을 의심해봐야 해요.

2. 청성 뇌간 반응 검사
소리에 대한 뇌의 반응을 평가하는 검사예요. 검사를 하게 되면 아주 작은 수신기를 아기의 귓속에 꽂고 소리를 재생해요. 아기의 두피에 장착된 전극들이 소리에 대한 뇌의 반응을 추적하고 측정함으로써 청력 상실 여부를 확인한답니다.

혈액 속에 산소가 얼마나 함유돼 있는지 측정하는 검사예요.

아기의 손이나 발에 센서를 장착해 심박수와 혈중 산소량을 측정해요.

혈중 산소량이 낮으면 중증 선천성 심장 질환(CCHD)을 의심해볼 수 있어요. 이 검사는 통증이 없고 몇 분이면 끝난답니다. 그리고 대개 아기가 생후 최소 24시간이 된 이후에 실시돼요.

소아과 의사

아기를 위한 의사 찾기

아기의 첫 검사는 입원한 병원의 소아과 의사와 함께하거나, 별도로 선택한 주치의와 함께하게 돼요. 이는 병원 정책에 따르기도 하고 아기의 주치의가 회진을 하는지에 따라 결정되기도 해요. 만약 입원한 병원의 의사가 아기를 검사한다면 그 결과지를 나중에 주치의에게 전달해야 한답니다.

소아과 의사란?

소아과 의사는 영유아와 어린이, 청소년의 건강을 관리하는 의사예요. 경증 질환부터 심각한 건강 이상에 이르기까지 다양한 문제가 생긴 아이들을 치료하지요. 소아과 의사는 성장과 발달 문제도 다뤄요. 아이가 아플 때마다 가장 먼저 연락하게 될 사람이랍니다.

출산 후에 병원을 퇴원하고 나면 보통 48~72시간 후에 아기를 의사에게 보여주게 돼요. 출생 시부터 2세가 될 때까지는 의사가 아이를 자주 만날 거예요. 2~3세가 되면 1년에 한 번 정도 만나게 되지요.

소아과 의사가 하는 일

- 건강검진 수행하기
- 발달 이정표에 도달하는 발육 과정 추적하기
- 예방 주사 접종하기
- 약과 치료 처방하기
- 질환, 감염, 부상 진단하기
- 아이의 신체적, 감정적, 사회적 발달을 고려한 조언 제공하기
- 성장과 발달에 관련된 질문에 답하기
- 필요하다면 다른 소아과 전문가 연결해주기

소아과 의사 찾기

의사를 정하는 일은 아기가 태어나기 전에 해야 하는 가장 중요한 결정이에요. 출산 전에 자신에게 편하게 느껴지는 의사를 찾아야만 해요. 일단 아기가 태어나고 나면 너무 바빠져서 의사를 고르기 힘들어질 테니까요.

1. 친구와 가족, 직장 동료에게 물어보세요

우선 친구와 가족의 추천을 받아 목록을 작성하세요.

2. 집에서 가까운 곳에 있는 의사를 선택하세요

처음에는 병원에 갈 일이 많을 테니 집에서 가까운 곳에 있는 의사를 선택하면 좋아요.

3. 믿을 수 있는 병원과 의사인지 체크하세요

전문의 여부, 병원 등급, 후기 등을 꼼꼼히 확인하세요.

4. 방문을 예약하세요

마음에 드는 의사를 추렸다면 약속을 잡고 병원에 방문해야 해요. 상담 비용이 있는지 병원 접수처에 문의하세요.

5. 질문을 준비하세요

소아과 의사와 만나게 되면 다음과 같이 자신이 궁금한 주제와 관련된 질문 목록을 준비하세요.

- 모유 수유와 분유 수유?

- 포경 수술?

- 예방 접종?

- 의사에게 의사 면허가 있는가?

- 의사가 근무 시간 후에도 전화나 이메일로 연락 가능한가?

- 지역의 의료 협회 웹사이트에 들어 가서 접수된 불만 사항이 있는지 확인해보세요.

하루를
지배하거나
하루에
지배당하거나.

심플리스트 베이비플랜™

다시 삶을 통제하면서 아기와 함께 더 큰 즐거움을 누리도록 도와줄 스케줄 관리기법

스케줄을 관리해야 하는 이유

스케줄 관리는 부모와 아기 모두에게 이득이 되는 필수 과정이에요.

아기가 태어나면 엄청나게 혼란스러운 기분이 들어요. 통제력을 어느 정도 되찾으려면 반드시 아기가 낮과 밤 스케줄을 따르게 해야 해요. 스케줄을 따르다 보면 아기가 밤에 통잠을 자는 등의 다양한 발달 단계에 도달하는 데 도움이 되는 일과가 생긴답니다.

일과를 정한다는 것이 너무 제한적이라고 생각하는 부모들은 자신과 아기에게 옳다고 느껴지는 대로 하고 싶을 거예요. 스케줄을 따르려면 약속을 잘 지켜야겠지만, 그렇게만 한다면 삶이 크게 달라진다는 사실은 우리 모두 경험한 바 있지요.

연령에 맞는 하루 스케줄은 아기가 지치거나 너무 큰 자극을 받지 않게 도와줘요. 스케줄은 부모가 하루의 활동을 계획하는 데에도 도움이 된답니다.

통잠

통잠은 모든 부모의 목표예요. 스케줄을 따르면 이러한 목표에 도달하는 데 도움이 돼요.

아기 스케줄이란?

아기의 일과와 활동을 위해 정해진 시간을 말해요.

1 식사

2 놀이

3 수면

모유 수유를 하는 엄마가 스케줄을 따를 수 있나요?

네, 스케줄을 따르면 다음 수유를 언제 해야 할지 추측하지 않아도 된답니다. 또한 아기가 낮과 밤 동안 간단한 간식 대신 배부른 식사를 섭취하도록 함으로써 모유를 더 잘 먹게 만들어줘요.

스케줄의 이점

- 일상을 더 수월하게 만들어줘요.

- 아기를 안심시켜줘요.

- 아기가 밤에 더 빨리 통잠을 이루도록 도와줘요.

- 예측 가능한 수면 및 수유 습관을 만들어줘요.

- 부모에게 더 큰 통제력을 가져다줘요.

- 다른 사람이 육아를 도와주기 쉽게 해줘요.

- 아기가 너무 지치거나 너무 큰 자극을 받지 않게 도와줘요.

스케줄 실수

일관성 없음

정해진 일과를 따르지 않거나 일과를 바꾸게 되면 스케줄의 효력이 떨어질 수밖에 없어요. 낮잠이나 수유를 빠뜨리는 등의 큰 변화는 당연히 아기를 몹시 불편하게 만들지요. 아기는 스케줄의 다음 단계를 기대하는 법을 학습하기 때문에 일과가 망가지면 모든 것이 무너지게 된답니다.

아기를 너무 오래 깨어 있게 놔둠

아기는 너무 오랜 시간 깨어 있으면 반드시 지나치게 흥분하게 되며, 이는 스케줄과 수면에 부정적인 영향을 미쳐요.

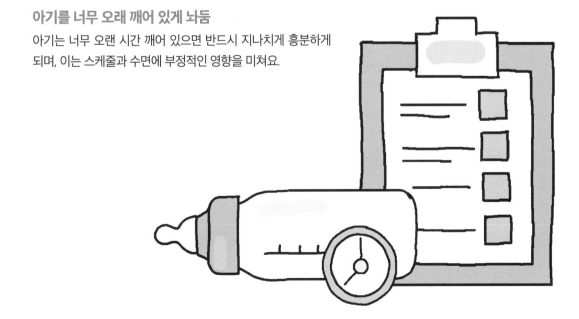

심플리스트베이비플랜
작동 방식

일지와 스케줄

다음 시기별로 일지와 스케줄이 있어요:

- 1개월
- 3주~3개월
- 3개월~6개월
- 6개월~12개월

스케줄 추적

스케줄로 특정한 아기 활동을 추적하고 기록해요.

- 수유 시간과 수유량
- 놀이 시간
- 수면 시간과 수면량
- 소변

- 대변
- 특별한 문제나 소동을 기록하세요
- 복용한 약을 기록하세요
- 목욕 시간

아기들은 제각기 다르다는
사실을 이해하고 자신의 아기를 위해
특별히 정해진 시간을
융통성 있게 따라야 해요.

} **아기의 리듬을
따르세요**

스케줄과 일지

모든 스케줄과 일지는 이 책의 뒤쪽에 수록돼 있으며, Simplestbaby.com에서도 심플리스트베이비플랜 양식을 무료로 다운로드할 수 있어요.

1개월 일지

첫 달 일지

첫 1개월 동안에는 수유 때문에 3시간마다 아기를 깨우는 일 외에는 정해진 일과가 전혀 없어요. 이 시기의 아기에게 가장 중요한 목표는 건강하게 체중 늘리기예요. 우리는 주치의와 함께 아기의 건강한 발육을 위해 체중과 발달 사항을 추적할 거예요.

심플리스트베이비로그를 활용하여 낮과 밤 동안 아기의 모든 활동을 기록하세요.

스케줄

스케줄

낮 시간에는 아기의 연령에 맞는 심플리스트베이비의 낮 플랜을 따르세요.

· 3주~3개월 스케줄

· 3~6개월 스케줄

· 6~12개월 스케줄

밤에는 계속해서 심플리스트베이비로그를 사용하세요.

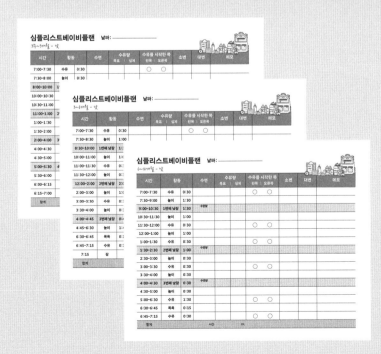

스케줄 작동 방식

심플리스트베이비플랜 날짜: _____

3~6개월 - 낮

①

시간	활동	수면		수 목표
7:00~7:30	수유 **③**	0:30		**④**
② 7:30~8:30	놀이	1:00		
8:30~10:00	1번째 낮잠	1:30	수면량	

① **스케줄**
아이의 연령에 맞는 스케줄을 고르세요: 신생아, 3주~3개월, 3~6개월, 6~12개월.

② **시간**
시간별로 정해진 단계를 따르세요.

③ **활동**
모든 활동은 시간별로 정해져 있어요. 목록에 기재된 시간이 되면 그 시간에 해당하는 활동을 하면 돼요.

④ **수유와 음식**
아기에게 먹이고자 한 양과 아기가 실제로 먹은 양을 기록하세요.

낮

낮에는 낮 스케줄 중 한 가지를 이용해 아기의 다양한 활동을 추적해보세요.

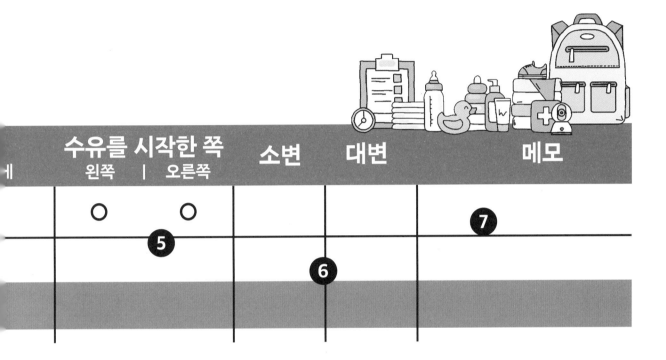

	수유를 시작한 쪽		소변	대변	메모
	왼쪽	오른쪽			
	○	○			❼
		❺			
			❻		

❺ 모유 수유
직전 수유 시간에 어느 쪽 가슴을 먼저 물렸는지 추적하여, 다음 수유 시간에는 반대쪽 가슴부터 시작하세요.

❻ 소변과 대변
아기가 소변이나 대변을 볼 때마다 이 칸에 체크하세요.

❼ 메모
아기의 울음과 트림, 변비, 수면 양상 등의 문제와 관련된 메모를 남기는 공간이에요.

밤

밤에는 심플리스트베이비로그를 활용하여 밤 시간 동안 일어나는 모든 활동을 기록하세요.

하우스 와인
한 잔, 아니
하우스 우유
한 병 주세요.

식사 시간

수유와 수유에 필요한 사항에 대해 알아보기

수유 이정표

수유 시작 시기와 종류

아기마다 다르지만 여기에 제시된 단계들은 아기가 각 이정표를 시작하는 시기에 관한 일반적인 가이드라인을 제공해줘요. 목록에 적힌 시기에 맞춰 단계를 시작하기보다는 아기가 준비가 됐을 때 다양한 단계를 통과하는 것이 훨씬 더 중요하답니다.

수유 이정표

연령	식사 종류

생후 첫 1년 동안에는 식사의 모든 단계에서 모유나 분유가 영양학적으로 꼭 필요한 요소랍니다.

0~4
개월

모유나 분유만

아기에게 오로지 모유나 분유만 먹이세요. 고형식은 안 돼요.

4~6
개월

이유식을 추가하세요(1단계)

아기가 유아용 식탁 의자에 잘 앉아 있고 고개를 가누며 어른의 음식에 관심을 보인다면 첫 고형식을 먹여볼 때가 된 거예요. 아기의 첫 고형식으로는 오트밀이나 보리와 같은 한 가지 재료로만 이뤄진 음식과 과일이나 채소로 만든 퓨레가 좋아요.

6~8
개월

더 걸쭉한 이유식을 추가하세요(2단계)

8개월이 되면 더 걸쭉한 이유식과 부드러운 핑거 푸드를 시작해볼 수 있어요. 단일 재료가 들어간 이유식이나 여러 가지 재료가 들어간 퓨레 중에 선택하세요.

만 **1** 세

더 많은 고형식(3단계)

12개월 정도 되면 아기에게 저작을 권장해야 하므로 더욱 질감이 느껴지면서 작은 덩어리가 들어간 음식을 먹여보세요. 이 시기에 핑거 푸드를 소개해도 좋아요.

모유와 분유

모유 수유를 할지 분유를 먹일지 결정하는 문제는 지극히 개인적인 일이며, 다양한 요소와 각자가 느끼는 편안함의 정도, 생활 방식, 의학적 문제에 따라 달라질 수 있어요. 모든 부모는 죄책감 없이 스스로 결정하여 선택해야 해요.

모유

모유는 궁극적으로 아기 영양의 가장 훌륭한 원천이랍니다. 모유에 함유된 영양분은 아이의 두뇌 발달과 비타민 흡수, 체중 증가에 필수적인 요소예요. 모유에는 감염을 억제해주는 항체와 비타민이 가득해요. 모유에 담긴 단백질과 칼슘, 철분은 아기 몸에 쉽게 흡수되지요.

보건 전문가들은 모유가 신생아에게 가장 훌륭한 영양학적 선택지라고 하지만 언제나 모유 수유를 할 수 있는 것은 아니에요.

분유

분유는 아기에게 먹이고자 만들어진 음식이에요. 분말 형태도 있고 미리 혼합된 액상 형태도 있어요. 오늘날의 분유는 아기가 성장하고 체중을 늘리는 데 필요한 다양한 영양분을 제공해주는, 모유의 건강한 대안이랍니다.

각자의 아기에게 적합한 분유를 고르는 일은 중요한 문제이므로 의사와 상의해보세요.

수유와 유대

모유 수유를 하지 않으면 아기와 유대를 형성하지 못할까봐 걱정하는 부모도 있어요. 하지만 아이를 사랑하는 부모라면 언제든 아이와 유대를 형성할 수 있어요.

무엇이 들어 있을까?

모유

- 바이러스와 세균에 맞서 싸우는 **항체**

- 감염을 억제하고 질병으로부터 신체를 보호하도록 돕는 **백혈구**

- 아기의 성장과 발달에 긍정적인 영향을 미치는 **호르몬**

- 신체 발달에 사용될 수 있는 **줄기세포**

- 건강한 소화계와 면역 체계를 유지해주는 **유산균**

- 신경계와 신체 기관의 발달을 위한 **지방산**
  (DHA, ARA)

- **비타민**, **단백질**, **지방**의 건강한 혼합물

분유

분유의 재료는 제조사별로 다양해요. 다음은 가장 흔한 재료의 목록이에요.

- 성장과 발달을 돕는 **유청 단백질과 카제인 단백질**

- 지방의 재료가 되는 **식물성 유지**

- 두뇌와 신경계 발달을 돕는, 생선 기름이나 해조류에서 얻은 **지방산**(DHA, ARA)

- 식물과 동물성 재료에서 나온 필수적인 **비타민과 미네랄**

- 에너지와 성장에 도움을 주는, **유당**에서 주로 얻어지는 탄수화물

- 소화계와 면역계의 건강을 위한 **유산균**

- 건강한 소화계와 면역계를 유지하기 위한 **프리바이오틱스**

VS.

꼭 필요한 물품

모유 수유

수유 브라나 수유 나시 3벌

편안하면서도 가슴을 잘 지지해주는 질 좋은 브라나 나시가 꼭 필요해요. 탄력성 있는 컵이 달린 부드럽고 신축성 좋은 소재의 제품을 찾아보세요. 브라를 벗지 않아도 가슴을 쉽게 꺼낼 수 있는 제품이 좋아요.

수유 패드 8~12개

부드럽고 흡수력이 좋은 면 소재의 제품으로 알아보세요. 브라 속에 넣을 수유 패드의 여분을 충분히 마련해 둬야 해요. 수유 패드는 일회용과 다회용, 실리콘의 세 가지 종류가 있어요.

유두 보호 크림 1개

파라벤과 미네랄 오일, 석유, 향료가 들어가지 않은 천연 성분의 저자극성, 식물성 유두 보호 크림을 찾아보세요. 알코올이 첨가된 밤은 피하세요. 피부에 영양분을 공급하여 거칠어지는 것을 방지하는 시어버터, 올리브유, 아르간유 등의 천연 재료 혼합물과 카렌듈라 추출물이 함유된 수유용 밤 제품을 찾아보세요.

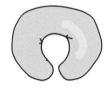

수유 쿠션 1개

수유하는 동안 허리를 감싸주고 팔을 받쳐줄 수 있는 쿠션을 찾아보세요. 세척하기 쉬우며 커버를 벗겨서 세탁할 수 있는 제품이 좋아요.

수면 브라 2~3벌

뒤에 고리가 달려 똑바로 눕기 불편한 일반 브라와 달리, 수면 브라는 앞쪽을 잠그게 되어 있거나 고리 없이 컵을 옆으로 젖힐 수 있는 디자인으로 나와요. 이는 가슴을 부드럽게 지탱하면서 누워서 잘 때에도 훨씬 더 편안하게 해줘요.

유축기 1개

유축의 빈도에 따라 사용 가능한 유축기의 종류는 다양해요. 구입할 수도 있고 대여할 수도 있어요. 유축기를 다룬 부분(54~55쪽)을 참고하세요.

모유 저장팩 1~2상자

모유를 모으고 저장하는 용도로 특별히 제작된 팩과 용기예요. 모유 유축을 계획하는 사람에게 꼭 필요한 물품이지요. 모유 저장팩은 냉동과 해동을 견디도록 만들어졌으며, 모유를 오랜 시간 동안 안전하게 보관해줘요. 한 상자에는 50~100개의 팩이 담겨 있어요.

유두 보호기 3~4개

젖을 잘 물리지 못해 힘들거나 유두가 아무는 동안 보호가 필요할 때 사용하면 좋은 수유 보조 용품이에요. 이 신축성 있는 실리콘 덮개는 유두와 유륜의 크기에 맞춰 나와요. 이를 효율적으로 활용하려면 아기의 입뿐만 아니라 엄마의 양쪽 유두에도 적절한 사이즈를 선택해야 해요.

수유 가리개 1~2벌

수유 가리개, 판초, 스카프는 공공장소에서 조심스레 수유를 할 때, 목 주위에 둘러서 가슴 부위를 가려주는 형태의 의류 제품이에요.

보냉 가방 1개

직장에서 유축을 할 계획이라면 집에 돌아올 때까지 모유를 차갑게 유지해주는 보냉 가방이 필요해요.

꼭 맞는 제품으로 준비하세요!

Simplestbaby.com에 접속하여 가장 똑똑한 아기용품 및 필수품 추천 목록을 확인하세요.

모유 수유

꼭 알아야 할 사항

모유 수유는 엄마가 아기에게 해줄 수 있는 경이로운 일이지만 모든 사람에게 수월하거나 누구나 성공적으로 해낼 만한 일은 아니에요. 수유 기간과 마찬가지로 모유 수유를 할지 말지 선택하는 것도 개인의 몫이므로 어떤 결정을 내리든 절대 자책하지 마세요.

모유 수유란?

모유 수유란 유선(여성의 유방 속에 있는 젖이 나오는 샘)에서 분비되는 유즙을 아기에게 먹이는 과정을 말해요. 엄마의 젖을 아기에게 직접 물리거나 유선에서 나온 모유를 젖병에 담아 먹이는 방식으로 이뤄지지요.

초유: '액체로 된 금'이라고도 불리는 첫 모유
분만 직후에 분비되는 노르스름한 초유에는 풍부한 영양분이 담겨 있답니다. 감염과 질병에 저항하는 항체와 면역력 증진과 성장에 도움이 되는 영양분으로 가득해서 아기에게 굉장히 좋지요.

초유가 나오는 기간은 매우 짧아요. 분만 후 2~3일이 지나면 초유보다 더 하얗고 불투명한 일반적인 모유가 나오기 시작해요.

모유 수유를 하는 이유

모유는 아기에게 더없이 완벽한 식품이에요. 미국소아과학회와 보건 전문가들은 모유 수유가 아기와 엄마의 건강에 영향을 미치는 다양한 이점을 근거로 모든 영아에게 모유 수유를 하길 권장한답니다.

아기가 얻게 될 건강상의 이점

다음 질환의 예방을 도움:　당뇨병
　　　　　　　　　　　　소아암
　　　　　　　　　　　　비만
　　　　　　　　　　　　감염
　　　　　　　　　　　　설사
　　　　　　　　　　　　호흡기 질환
　　　　　　　　　　　　천식

엄마가 얻게 될 건강상의 이점

칼로리 소모에 도움이 됨
난소암 발생 위험 감소
골다공증 발생 위험 감소

모유 수유의 시기와 기간

아기가 태어난 후 한 시간 안에 모유 수유를 시작하는 것이 가장 좋다고 해요. 미국소아과학회는 생후 1년, 또는 최소한 생후 6개월까지는 엄마가 모유 수유를 지속하길 권고해요.

첫 수유

20~45분  **한쪽 가슴당
15분**

모유 수유를 시작하면 한쪽 가슴당 약 15분씩, 총 20~45분가량의 시간이 소요될 거예요.
아기가 젖을 먹으면서 편안한 시간을 보내도록 해주세요.
처음에는 하루에 8~12회 정도로 자주 수유하세요.

간단한 팁

모유 수유 전에는
항상 가슴을 깨끗이 씻어야 해요.
유두 보호 크림의
시큼한 향이나 맛을 싫어하는
아기도 있거든요.

젖 물리기

올바른 모유 수유 방법을 배워서 아기에게 제대로 젖을 물려야
해요. 꽤 힘들 테니 인내심을 가지세요.

간단한 팁

모유 수유가 아프면 안 돼요!
정확하게 젖을 물리는 게 중요해요.
병원에서 지내는 동안
간호사와 모유 수유 상담가의
도움을 받아 젖 물리기에
익숙해지도록 해요.

젖 물리기란?

젖 물리기는 모유를 수유하는 동안 아기의 입이 엄마의 가슴에 밀착하게 만드는 방법을 말해요.

효과

올바른 젖 물리기는 양질의 모유가 분비되게 해주고 유두의 통증을 줄여줘요. 반면에 잘못된 젖 물리기는 모유
분비를 저해하고 아기의 배에 가스가 차게 하거나 체중 증가를 방해하며 엄마의 유관이 막히는 원인이 되기도
한답니다. 올바른 젖 물리기를 하면 유륜의 대부분과 유두가 아기의 입속에 들어가게 돼요.

잘못된 젖 물리기의 원인

- 엄마의 유방과 유두의 크기
- 아기가 입을 벌리는 방식
- 엄마가 느끼는 편안함의 정도
- 잘못된 수유 자세
- 엄마와 아기의 위치 정렬이 잘못된 경우
- 유두를 똑바로 물지 않은 경우
- 편평유두 또는 함몰유두
- 아기의 설소대가 짧은 경우
- 아기가 조산아인 경우

통증

처음으로 모유 수유를 시작할 때 느껴지는 약간의 유두 통증은 정상이에요. 이러한 통증은 일단 젖이 돌고 엄
마와 아기가 모유 수유에 적응하게 되면 대개 가라앉죠. 엄마와 아기가 정확한 자세를 취한다면 올바른 젖
물리기를 통해 유두 통증을 방지할 수 있어요. 하지만 만약 유두 통증이 심하고 오래간다면 모유 수유 전문가,
의사 또는 간호사의 도움을 받으세요.

올바른 젖 물리기 단계

1단계

우선 아기의 배꼽이 엄마의 배꼽과 마주하고 아기가 엄마를 똑바로 마주보도록 위치를 잡으세요. 그런 다음 아기의 턱을 천천히 엄마의 가슴으로 가져오세요.

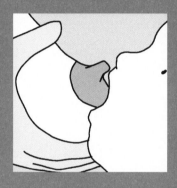

2단계

엄마의 엄지와 손가락을 유륜 주위에 놓고 아기를 가슴으로 가져오세요. 유두가 아기의 윗입술과 코 사이에 오게 하세요. 아기의 머리를 살짝 뒤로 젖히고 유두로 아기의 윗입술을 간지럽혀서 아기가 입을 크게 벌리게 만드세요.

3단계

아기가 턱을 떨어뜨리고 혀를 아래로 내린 모양으로 입을 크게 벌리면 가슴을 아기의 입속에 넣으세요. 처음에는 아기의 아래턱이 유두보다 훨씬 아래쪽에 있어야 해요. 또 유두의 방향은 아기의 입천장을 향해야 하고요.

4단계

아기의 머리를 앞으로 기울인 다음, 입안에 가슴이 꽉 차도록 돌려 넣으세요. 아기의 위턱이 가슴 위쪽까지 깊이 닿아야 해요. 아기가 유두 전체를 물고 유륜의 약 3.5cm 이상이 아기 입속에 들어가게 하세요. 아기의 코를 가린 것이 없는지 확인하세요.

가장 바람직한 모유 수유 자세

간단한 팁

매번 수유를 시작할 때에는 직전 수유 시에 시작했던 쪽의 가슴과 반대쪽부터 시작해야 해요.

모유 수유 자세는 매우 다양해요. 그중 가장 바람직한 자세들을 추려봤어요. 모든 자세가 모두에게 맞지는 않으니, 자신과 아기에게 가장 잘 맞는 자세를 찾아야 한다는 사실을 명심하세요.

가장 바람직한 자세

요람식 자세

가장 흔한 모유 수유 자세예요. 아기가 물고 있는 가슴과 같은 쪽 팔로 아기를 지탱하세요. 아기의 머리를 팔꿈치 안쪽 접히는 곳으로 받쳐주세요. 쿠션을 지지대로 사용해도 좋아요.

교차 요람식 자세

아기의 몸을 당신의 몸과 교차되는 방향으로 가져와서 아기와 배를 맞대는 자세를 취하세요. 아기가 당신의 왼쪽에서 젖을 물고 있다면 오른손과 팔로 아기를 안고 목을 받쳐주세요. 그와 동시에 왼손으로 가슴을 잡고 내미세요. 이 자세로 수유할 때에는 수유 쿠션을 사용하면 훨씬 더 쉽고 편안할 거예요. 지탱하기 좋은 자세이므로 신생아와 어린 아기에게 좋아요.

신생아에게 좋아요

옆으로 누워서 안는 자세

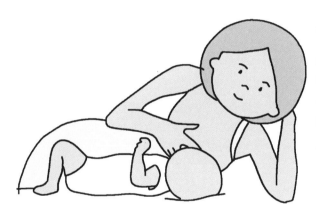

아기를 한 손으로 지탱한 상태로 옆으로 누워서 아기와 당신의 가슴을 마주하게 하세요. 다른 한 손으로는 가슴을 잡고 유두를 아기의 입술에 닿게 하세요. 아기가 젖을 제대로 물고 나면 한 손으로 자신의 몸을 지탱하고, 다른 한 손으로는 아기를 꽉 안아주세요.

풋볼 자세

제왕절개 후 회복 중이거나 가슴이 큰 편이라면 당신의 배 위에서 아기의 무게를 덜어주는 풋볼 자세가 유지하기 쉬울 거예요. 팔꿈치를 구부린 채로 아기를 당신의 허리와 수평이 되도록 옆으로 안으세요. 빈손으로 아기 머리를 받치고 당신의 가슴과 마주하게 하세요. 마치 럭비공을 안고 있는 듯이 아기의 등이 팔 아래쪽에 얹힐 거예요.

쌍둥이에게 인기 만점

모유의 양과 질 향상

한 병 더 주세요!

오메가-3

오메가-3 지방산은 생후 2년 동안 신경 세포와 시각 세포의 성장에 매우 중요한 역할을 하는 구성요소예요. 오메가-3의 일종인 DHA는 원래 모유에 함유돼 있지만 엄마가 연어를 비롯한 생선을 더 많이 먹으면 아기가 섭취하는 DHA의 양도 더욱 늘어나게 된답니다. 이때 연어는 양식이 아닌 자연산이어야 해요. 해산물을 좋아하지 않는다면 하루에 200~300mg가량을 영양제로 섭취해도 돼요.

제대로 된 식사

특정 음식은 모유의 양을 늘리는 데 사용돼요. 가장 흔한 것은 오트밀이에요. 오트밀은 아마씨, 맥주효모와 함께 모유 촉진 쿠키의 주재료로 자주 쓰여요. 모유 촉진 쿠키는 구입해도 되고 직접 만들 수도 있어요. 모유량을 늘리는 데 효과적인 다른 음식에는 아몬드, 보리, 회향, 호로파 등이 있답니다.

프로바이오틱스(활성균)

아기들은 대체로 모유의 소화를 돕고 배앓이나 습진, 알레르기와 관련된 잠재적으로 해로운 세균을 막아주는 장내 유익균이 부족해요. 프로바이오틱스는 아기의 신진대사와 면역 체계에 도움을 주면서 평생 건강의 기초를 세워준답니다.

수유와 유축을 자주 하세요

수유나 유축을 최대한 자주 하면 모유량을 늘릴 수 있어요. 생후 첫 몇 주까지는 2~3시간에 한 번씩 하세요. 모유량을 더 늘려야 한다면 수유 직후에 10~15분 동안 유축을 해보세요. 이렇게 하면 당신의 신체가 모유를 더 많이 만들어내야 한다고 생각할 거예요.

물을 많이 마시고
충분한 휴식을 취하세요

수분을 많이 섭취하는 것도 모유 생산에 중요한 요소예요. 당신이 아기에게 수분을 공급해주는 유일한 원천이므로 2인분을 마셔야 해요. 모유 생산량을 늘리려면 충분한 휴식도 굉장히 중요해요.

유축

입문

유축기를 선택하는 문제는 개인의 상황에 달려 있기에 꽤 혼란스러울 거예요. 자신의 모유량이 얼마나 될지, 특정 유축기와 잘 맞을지 미리 알 길이 없기 때문이지요. 유축기를 이미 구비하고 있으나 결과가 좋지 않다면, 모유 수유 전문가와 상의하여 유축기의 문제인지 모유량의 문제인지 파악해보세요.

유축을 하는 이유

- 당신이 잠을 자거나 외출하게 되면 다른 사람들이 아기에게 모유를 먹일 수 있도록 모유를 저장해둬야 해요. 직장으로 복귀하거나 볼일을 보러 나갈 경우, 모처럼 휴식을 취할 때, 혹은 아기에게 영향을 미칠 만한 의약품을 복용해야 할 때에도 마찬가지지요.

- 아기가 젖을 직접 물고 먹지 못해요.

- 아기에게 모유를 먹이고 싶지만 직접 젖을 물리고 싶지는 않아요.

- 모유 은행이나 모유 교환 프로그램에 모유를 기증하고자 해요.

- 모유량을 늘리려고 노력하는 과정에서 심한 압박감을 느끼고 있거나, 유선염 치료를 위해 유방을 비워야 해요.

간단한 팁

병원에서 허용해준다면 당신의 깨끗한 유축기를 병원에 가지고 가세요. 병원에 입원해 있는 동안 모유가 돌게 하기 위해 의사가 유축을 권하는 경우도 많답니다.

유축기 대여	유축기 구입
• 단시간에 더 많은 모유를 유축할 수 있는 병원급 모터	• 수동식 유축기는 10만 원 이내, 고급 유축기는 30~50만 원대, 병원급 유축기는 100만 원 이상(제품에 따라 다름)
• 소음이 적음	
• 모유량을 늘리는 데 도움이 됨	• 장기간 유축을 계획 중이거나 여러 자녀를 대상으로 사용할 계획이라면 구입하는 편이 더 효율적인 투자임
• 조산아나 모유 수유를 힘겨워하는 아기들을 위해 유축할 경우에 매우 유용함	
• 부피가 다소 크고 무거움	• 가볍고 휴대하기 쉬움
• 한 달에 5만 원가량의 비용 (제품에 따라 다름)	• 가끔씩 유축할 때 더 유용함
• 만약 유축이 잘 되지 않으면 쉽게 반납할 수 있음	

VS.

추가적으로 고려할 사항

다른 사람의 유축기를 빌리거나 중고로 구입하지 마세요

유축기를 빌리거나 중고로 구입할 경우 교차 오염의 위험이 있습니다[병원급 유축기는 보호막이 갖춰져 있으며, 미국식품의약국(FDA)으로부터 많은 사용자들이 이용해도 된다는 승인을 받은 제품이랍니다].

지원 사업

지자체에 지원 사업이 있는지 확인해보세요. 특히 당신이나 아기에게 모유 수유를 어렵게 만드는 건강 문제가 있다면 유축기를 무료로 대여해주거나 구입 비용의 일부를 지급해줄 거예요.

잘 흐르게 하기

모유를 언제, 얼마나, 어떻게 나오게 해야 하는지는 초보 엄마들이 가장 흔히 묻는 질문이에요. 대부분 당신과 아기에게 달려 있답니다. 출산 직후에 시작하는 엄마도 있고 몇 주를 더 기다리는 엄마들도 있어요.

시작 시기

건강한 아기

아기가 건강하며 체중이 잘 늘고 있다면, 그리고 아기에게 젖을 먹이는 동안 당신이 자리를 비울 일이 없다면 4~6주 후에 유축을 시작해도 좋아요.

조산아, 질병이나 특수한 장애가 있는 아기

아기가 당장 음식을 섭취할 수 없는 상태이거나 출생 시 체중이 낮다면 출산 직후부터 유축을 시작하길 추천해요.

엄마와 분리된 아기

만약 당신이 아기와 떨어져 있어야 한다면, 다른 사람이 아기에게 모유를 먹여줄 수 있도록 미리 유축하여 보관해두면 도움이 될 거예요.

복직

복직을 계획 중이라면 복직하기 몇 주 전부터 모유 유축 및 저장을 시작하길 추천해요.

유축을 위한 팁

1. 아침에 유축하세요. 아침 시간에 모유가 가장 많이 나오는 경향이 있어요.
2. 유방을 완전히 비우려면 수유 후에 유축하세요.
3. 유두 크기에 맞는 사이즈의 깔대기를 사용해야 돼요.
4. 24시간 동안 8~10회 유축하도록 계획하세요.
5. 양쪽 가슴을 동시에 유축하면 모유 생산량이 늘어나요.

유축을 위한 더 유용한 팁

1. 모유 유축에 대한 기본 지식을 공부하세요. 유축기 사용설명서를 꼭 살펴보세요.

2. 긴장을 풀고, 유축을 할 만한 조용하고 편안한 장소를 찾아보세요.

3. 음료와 간식을 준비하세요.

4. 유축기가 건전지로 작동하는 방식이라면 유축기를 충전하고 작동하는지 확인하세요.

5. 유축 전에는 항상 비누와 물로 손을 씻으세요.

6. 유축기 깔대기가 유방을 잘 밀폐하는지 확인하세요.

7. 낮은 강도로 시작했다가 모유가 흐르기 시작하면 강도를 높이세요.

8. 모유의 사출을 촉진하려면 가슴을 부드럽게 마사지하거나 따뜻한 수건 등으로 찜질하세요.

모유 저장하기

장소	온도	보존 가능 시간
실온	실내 온도	5~6시간
냉장고	4.4℃	5~6일
냉동고	-18℃	6~12개월
냉장 박스	얼음 포장	24시간

주의사항:

해동된 모유를 절대 다시 얼리지 마세요.

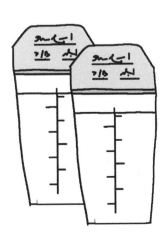

간단한 팁

각각의 모유 저장팩에 날짜를 정확히 기재하세요. 냉동시키기 전에 팩의 맨 위쪽에 2.5cm가량의 공간을 비워두어 팩이 얼어도 터지지 않게 하세요.

파워 펌핑

모유량 늘리기

간단한 팁

파워 펌핑을 하기 전에 모유 수유 전문가나 소아과 주치의와의 상담을 통해 안내와 도움을 받도록 하세요.

파워 펌핑이란?

파워 펌핑은 엄마의 모유량을 늘리는 데 활용되는 모유 수유 방식이에요.

아기가 한 시간에 몇 번씩 짧게 젖을 먹는 '몰아서 먹기'와 비슷하며, 불규칙하고 빈번한 유축을 수반해요. 이렇게 하면 자연스레 아기의 요구를 따라가고자 신체에서 더 많은 모유를 생산하게 되지요.

파워 펌핑을 하는 이유

당신이 대체로 혼자 수유나 유축을 하고 있는데 모유량이 점차 적어지는 양상이라면, 파워 펌핑으로 모유량 증대 효과를 볼 수 있어요.

모유량 감소의 징후

- 아기가 체중이 늘지 않아요.
- 아기의 체중이 줄어들고 있어요.
- 아기가 기저귀를 적시는 횟수가 충분하지 않아요.

원리

일주일 동안 적어도 하루에 한 시간은 파워 펌핑을 해야 해요. 파워 펌핑은 보통의 유축이나 수유 일과 외에 추가적으로 하는 게 좋아요. 또는 정해진 유축 시간 중 한 번을 파워 펌핑으로 바꿔도 돼요. 소지한 유축기의 기능에 따라 양쪽 가슴을 동시에 해도 좋고, 한 번에 한쪽씩 해도 좋아요.

얼마나 자주 해야 하나요?

하루에 한두 번이면 충분해요.

파워 펌핑을 위한 팁

수동식 유축기 vs. 전동식 유축기

수동식 유축기나 전동식 유축기 둘 다 사용해도 되지만 유축의 빈도 때문에 전동식이 더 수월하게 느껴질 거예요.

모유량 이해하기

시작하기 전에 모유량이 감소하는 이유를 정확히 파악해야 돼요. 유축은 제대로 되고 있나요? 아기는 젖을 정확히 물고 있나요?

유축 브라

유축 브라는 유축 과정을 조금 더 쉽고 편안하게 만들어줄 뿐만 아니라 다른 활동을 할 수 있도록 손을 자유롭게 해주므로, 유축 브라 구입을 고려해보세요.

긴장 풀기

유축을 할 만한 차분하고 조용하며 편안한 장소를 찾아보세요. 모유 사출에 도움이 돼요.

자신의 유방을 잘 파악해보세요

과도한 유축이나 너무 강한 흡입은 가슴에 손상을 일으켜서 유축에 부정적인 영향을 끼치게 돼요.

과도한 유축

모유량에 문제가 없다면 파워 펌핑을 해서는 안 돼요. 불필요한 파워 펌핑은 과잉 공급을 일으키면서 유방 울혈이나 유선염 등의 다른 문제를 초래할 수도 있어요.

일반적인
파워 펌핑 스케줄

유축 **20** 분

휴식 **10** 분

유축 **20** 분

휴식 **10** 분

유축 **10** 분

* 이는 가슴 한쪽에 할당된 스케줄이에요.
즉 양쪽 가슴을 따로따로 유축하면
두 시간가량의 시간이 걸릴 거예요.
만약 양쪽 가슴을 동시에 유축할 수 있는
유축기가 있다면 총 한 시간이 걸리겠지요.

유방 보호하기

모유 수유가 이렇게나 고통스럽다니

만약 모유 수유가 불편하고 힘들게 느껴진다면 당신만 그런 게 아니에요. 그건 매우 흔한 일이에요. 단지 여성이라는 이유만으로 모유 수유가 쉽고 자연스럽게 되리라는 법은 없어요.

흔한 수유 문제의 간단한 해결책들

모유 수유 초기에 만나는 난관 대부분은 간단한 조정을 통해 해결할 수 있어요.

- 아기의 수유 자세를 바꿔주세요.

- 양쪽 유방을 완전히 비우세요.

- 가슴을 바꾸기 전에 한쪽당 15~20분 동안 수유하세요.

- 울혈을 방지하려면 자주 수유하세요.

- 수유를 시작하는 쪽의 가슴을 매번 바꾸세요.

- 유두의 통증이나 갈라짐이 있다면 조치를 취하세요.

- 브라가 너무 타이트하지 않게 하세요.

제공된 정보는 전문적인 의료 조언, 진단, 치료의 대안이 아니에요.
당신과 아이에게 적합한 치료인지 확인하려면 항상 주치의나 전문 의료인과 상담하세요.

가슴 통증을 완화시키기 위한 7가지 팁

1 모유 수유 전에 몇 분 동안 가슴에 습한 열기를 쬐어주거나 뜨거운 물로 짧게 샤워하세요. 모유를 흐르게 하는 데 도움이 될 거예요. 주의: 너무 긴 시간 동안(5분 이상) 열기를 쬐면 부기가 심해질 수도 있어요.

2 수유 후에 부기를 빼려면 10분 동안 차갑게 압박하세요.

3 아기가 젖을 빨다가 잠시 멈출 때에는 가슴을 부드럽게 마사지하며 꾹 누르세요. 남는 모유의 양을 줄여서 유방을 비우는 데 도움이 돼요.

4 통증과 염증을 줄이려면 의료 전문가에게 이부프로펜 등의 의약품에 대해 문의하세요.

5 사이즈가 잘 맞으면서 가슴을 잘 지지해주는 수유 브라 구매를 고려해보세요.

6 가슴을 부드럽게 마사지하면 모유의 흐름을 개선하고 울혈의 불편함을 줄이는 데 도움이 돼요.

7 손 유축법이나 유축기의 짧은 사용은 유두와 유륜을 부드럽게 함으로써 아기가 젖을 더 잘 물게 해줘요.

간단한 팁

아기의 입에서 가슴을 빼낼 때 무작정 잡아당기지 마세요. 깨끗한 손가락을 아기의 입속 잇몸 사이에 집어넣어서 빨기를 중단시키세요. 아기가 입을 벌리면 손가락을 잇몸 사이에 둔 채로 천천히 가슴을 빼내세요.

모유 수유

어떤 문제가 생길 수 있나요?

모유 수유 문제의 대부분은 잘못된 젖 물리기에서 비롯돼요. 상황이 잘못되면 꽤나 고통스러운 상태를 초래한답니다.

아구창

아구창이란?

아구창은 유두의 진균 감염으로 해롭지는 않지만 고통스러워요. 아구창은 아기의 입안에 칸디다균이 과잉 증식하면서 발생해요. 아구창이 있는 동안에도 모유 수유를 지속해도 되지만, 만약 입에 통증이 있다면 아기가 젖 물기를 피하거나 수유를 주저할 거예요. 아구창이 생기면 엄마와 아기 둘 다 치료를 받아야 해요. 병원에 연락하세요.

증상

- **유방과 유두의 통증:** 작열감, 가려움, 날카롭게 찌르는 통증
- 유두와 유륜의 **부기와 충혈**
- **유두에서 광이 나거나 껍질이 벗겨짐:** 유두의 작은 물집이나 백반
- 아기의 입안과 혓바닥의 **하얀 반점**

치료와 예방

- 당신과 아기 모두 항진균성 의약품을 사용하세요.
- 젖병과 유두, 쪽쪽이를 매일 소독하세요.
- 유방 위생 관리를 생활화하세요: 수유 패드와 브라가 젖으면 자주 교체하세요.
- 당신과 아기의 식단에 프로바이오틱스를 추가하세요.
- 수유를 하고 나면 유두를 공기 중에 건조시키세요.
- 손을 깨끗하게 유지하세요.

제공된 정보는 전문적인 의료 조언, 진단, 치료의 대안이 아니에요.
당신과 아이에게 적합한 치료인지 확인하려면 항상 주치의나 전문 의료인과 상담하세요.

유관 막힘

유관 막힘이란?

유방은 모유를 유두로 전달하는 여러 개의 유선과 유관으로 이뤄져 있어요. 모유의 흐름이 차단된다면 유관 막힘 때문일 거예요. 유관 막힘이 발생하면 모유가 축적되면서 고통이 유발되고, 막힌 유선 부분에 완두콩이나 블루베리만 한 멍울이 생길 수 있어요. 유관 막힘의 원인은 대부분 유방을 충분히 비우지 않았기 때문이에요. 의사와 상의하세요.

증상

- 가슴 특정 부위의 통증
- 가슴에 생긴 붓고 쓰라린 멍울
- 가슴이 화끈거리고 부어오름
- 한쪽 가슴에서 모유의 흐름이 감소하거나 느려짐
- 가슴의 덩어리진 부분
- 유두에 생긴 작고 하얀 수포

치료와 예방

- 가슴을 온찜질하세요.
- 감염된 쪽 유방으로 수유를 더 많이 하세요.
- 엡섬솔트를 녹인 물에 가슴을 담그세요.
- 헐렁한 옷을 착용하세요.
- 와이어가 들어 있는 브라를 착용하지 마세요.
- 수유를 마치고 나면 유축하세요.
- 수유할 때 유방을 완전히 비우세요.
- 진통제로 이부프로펜을 복용하세요.
- 수유 전과 도중에 가슴을 부드럽게 마사지하세요.

모유 수유

어떤 문제가 생길 수 있나요?

이어서

유두 갈라짐

유두 갈라짐이란?

모유 수유를 하는 여성에게 나타날 수 있는 증상으로, 유두 끝부분을 가로질러 갈라진 상처가 생기며 유두 아랫부분까지 확장되기도 해요. 모유 수유를 하는 동안 극심한 고통이 유발될 수 있어요. 이는 잘못된 젖 물리기로 인해 흔히 생기는 결과예요.

증상

- 유방과 유두의 자극과 통증
- 유두 출혈
- 따갑고 건조하고 갈라진 유두

치료와 예방

- 젖 물리기를 정확하게 하세요.
- 올바른 수유 자세를 취하세요.
- 모유를 유두에 바르세요.
- 온찜질하세요.
- 소금물로 씻어내세요.
- 100% 라놀린 크림을 바르세요.

- 수유 패드를 자주. 교체하세요.
- 유두의 마찰을 피하려면 너무 꽉 끼는 브라를 착용하지 마세요.
- 모유 수유 전문가와 상의하세요.
- 진통제를 복용하세요: 이부프로펜(애드빌, 모드린)이나 아세트아미노펜(타이레놀).
- 유두를 아기의 입에서 빼낼 때 손가락으로 보호하세요.

제공된 정보는 전문적인 의료 조언, 진단, 치료의 대안이 아니에요.
당신과 아이에게 적합한 치료인지 확인하려면 항상 주치의나 전문 의료인과 상담하세요.

유선염

유선염이란?

유선염은 간혹 감염을 수반할 수 있는 유방 조직의 염증이에요. 대체로 유관 막힘에 의해 발생해요. 유방 감염의 증상이 나타난다면 병원에 가야 해요.

증상

- 유방과 유두의 통증과 압통
- 발적과 부어오름
- 유방 조직이 딱딱해지거나 멍울이 만져짐
- 모유 수유 시 지속적인 통증이나 작열감
- 피로감과 전신 통증
- 38℃의 미열이나 오한
- 심각한 경우 농양이 생기거나 유두에서 고름이 나옴

치료와 예방

- 휴식을 취하고 물을 많이 마셔야 해요.
- 유방을 완전히 비우세요.
- 모유 수유 자세를 한쪽에서 다른 쪽으로 바꾸세요.
- 아기가 젖을 제대로 물게 하세요.
- 온찜질과 냉찜질을 번갈아 하세요.
- 유방의 멍울을 마사지하세요.
- 자주 수유하세요.
- 진통제와 소염제를 복용하세요.
- 항생제를 복용하세요.

꼭 필요한 물품

분유 수유

젖병 5~8개

BPA(비스페놀A), BPS(비스페놀S), 프탈레이트가 들어가지 않은 플라스틱 젖병이나 유리 젖병이면서, 공기구멍으로 배앓이를 방지하는 기능이 있으며 기포 발생을 최소화하여 역류를 예방하도록 설계된 제품으로 찾아보세요. 눈금이 선명하게 표시돼 있으며 식기세척기에 사용할 수 있어야 돼요. 실리콘 젖꼭지가 더 단단하고 모양이 오래 유지되며 열에 손상되지 않으므로 가장 적합하지요.

턱받이 5~10개

턱받이는 많이 사용하게 될 테니 세탁하기 쉽고 편안하며 저자극성인 제품으로 찾아보세요. 단순한 디자인으로 고르세요. 아무리 값비싸고 화려한 턱받이를 사봤자 결국 단순한 것이 최고라는 사실을 깨닫게 될 거예요.

아기 손수건 5장

저자극성에 흡수력과 통기성이 좋은 100% 유기농 면이어야 해요. 무독성이며 친환경적인 유기농 섬유로 만들어진 부드러운 제품을 선택하세요.

젖병 가열기 1개

꼭 필요한 물품까지는 아니지만 분유를 데울 수단이 되어줄 거예요. 스팀 가열기는 매우 편리하답니다. 세척하기 쉬우며 안전하고 빠르게 가열해주는 제품인지 확인하세요.

젖병 건조대 1개

꼭 필요하다고 생각하지 않았지만 막상 장만하고 나니 유용함을 인정하게 된 물품이에요. 구입하기로 결정했다면 안전한 무독성 플라스틱 소재에 납과 BPA, 프탈레이트가 들어가지 않은 제품으로 선택하세요.

분유

모유 수유를 하고 있지 않다면 분유는 아기의 생후 1년 동안 꼭 필요한 모든 영양분을 제공하는 필수품이에요. 기저귀만큼 많이 사용하게 될 거예요. 모유 수유를 하고 있더라도 분유를 함께 사용하기도 하지요.

아빠의 꿀팁

턱받이 돈을 절약하고 싶다면 화려한 턱받이는 필요하지 않아요. 찍찍이나 스냅 단추가 달린 하얀색 단색 턱받이로도 충분해요.

아기 손수건 행주나 깨끗한 천 기저귀를 사용해서 돈을 절약하세요. 병원에 문의하여 병원에서 사용하는 배내옷을 한두 개 얻을 수 있는지 알아보세요. 그것들로도 충분하답니다.

꼭 맞는 제품으로 준비하세요!

Simplestbaby.com에 접속하여 가장 똑똑한 아기용품 및 필수품 추천 목록을 확인하세요.

분유 수유

젖병 파악하기

젖병은 수많은 옵션과 함께 다양한 형태와 사이즈로 나오기 때문에 아기에게 어떤 제품을 사용해야 할지 파악하기 어려워요.

간단한 팁

아기가 50~100mL가량만 먹을 때에는 작은 사이즈의 젖병으로 시작했다가, 수유량이 약 150~250mL까지 도달하면 젖병을 더 큰 사이즈로 바꾸는 부모들도 있어요.

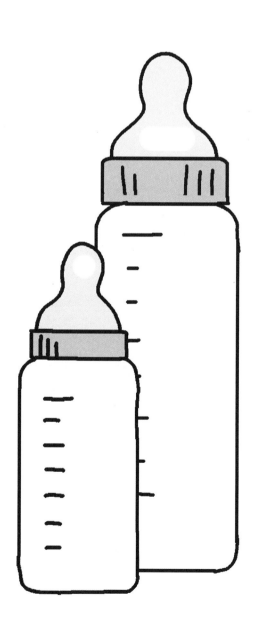

젖병 선택하기

아기에게 가장 잘 맞는 종류를 정하기 전에는 여러 가지 다양한 종류의 젖병을 시도해보는 편이 좋아요.

젖병의 종류

일반 젖병 플라스틱이나 유리, 스테인리스 스틸 소재로도 만들어지며, 전통적인 형태의 아무 장식이 없는 젖병이에요.

목이 구부러진 젖병 젖꼭지에 공기가 차는 것을 막고자 목이 구부러진 형태로 만들어진 젖병. 수유를 더 수월하게 해주며 아기 배에 가스가 덜 차게 해준답니다.

일회용 젖병 1회분의 분유 주머니가 들어 있는 단단한 소재의 젖병. 아기가 분유를 마실 때 주머니가 찌그러지면서 가스가 차는 것을 줄여줘요.

목이 넓은 젖병 짧고 폭이 넓은 이 젖병은 넓은 젖꼭지와 함께 목이 넓게 열려 있어서 모유 수유와 비슷한 경험을 만들어줘요. 모유와 분유를 둘 다 먹는 아기에게 이상적이에요.

<우리의 추천> 배앓이 방지 젖병 젖병이나 젖꼭지 안에서 기포가 발생하는 것을 방지하여 아기 배에 가스가 차는 것을 예방해주는 공기 순환 통로가 부착된 젖병.

적절한 젖꼭지 사이즈 선택하기

미숙아	1단계	2단계	3단계	4단계	Y형
0개월 이상	0개월 이상	3개월 이상	6개월 이상	9개월 이상	9개월 이상

수유량 늘리기

아기가 자라나면서, 수유할 때 사용하는 젖꼭지 구멍의 사이즈를 늘리게 될 거예요.
위의 도표는 각 젖꼭지 사이즈의 일반적인 사용 시기를 보여주고 있어요.
이러한 시기는 아기마다 다르기 때문에 아기에게 무엇이 가장 맞는지 잘 판단해야 해요.

꼭 필요한 젖병은 몇 개일까요?

모유 수유 시 젖병 2~3개

분유 수유 시 젖병 5~8개

찾아봐야 할 것

첫 번째 추천은 유리 젖병을 사용하는 것이에요. 두 번째 추천은 식기세척기 사용이 가능하고 공기 순환 기능이 있는, BPA가 들어가지 않은 플라스틱이나 친환경적인 소재의 젖병을 사용하는 것이에요.

젖병 세척하기

미국소아과학회는 젖병을 매번 수유 후에 뜨거운 물과 비누로 세척한 다음, 완전히 건조시키길 권장해요. 젖병은 손으로 닦아도 되고 식기세척기로 세척해도 돼요.

데우기

분유(혹은 모유) 데우기

분유를 사용하든 모유를 사용하든 언젠가는 데워야 할 거예요.

간단한 팁

영양분 소실을
방지하려면 우유를
과열하지
않도록 하세요.

중요한 문제는 과연 젖병 가열기가 필요하냐는 것이지요. 아마도 필요할 거예요. 원래 저는 젖병 가열기 구입에 완전히 반대하는 입장이었어요. 돈 낭비라고 생각했지요. 젖병 가열기를 이용하는 방법과 가스레인지로 데우는 전통적인 방법을 모두 써본 후에야 젖병 가열기에 의지하게 되었음을 스스로 인정하게 되었어요. 하지만 예산을 절약할 방법을 찾고 있다면 가스레인지가 답이 되어줄 거예요.

젖병 가열기의 이점

- 일정한 온도
- 시간상 효율적임
- 편리함

적정 온도: **37℃**

분유의 온도를 확인하는 가장 간단한 방법은 분유 몇 방울을 손목 안쪽에 떨어뜨려보는 거예요. 분유가 **뜨겁지 않고 미지근하게** 느껴진다면 아기에게 먹일 준비가 됐다는 뜻이랍니다.

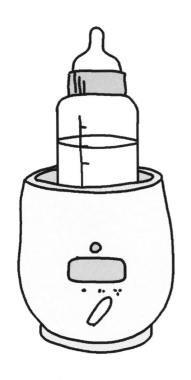

젖병 가열기

분유와 모유 모두
젖병 가열기로 데울 수 있어요.
이 장치는 분유를 완전하고
균등하게 데우면서도,
그 과정을 빠르고 쉽게 해줘요.
게다가 그 이후에 설거지할 그릇도
안 나오지요.

충분히 데우기

가스레인지 가열

분유를 데우는 간단하고
경제적인 방법은 작은 냄비에 물을 담고
젖병을 넣은 다음, 약한 불로 데우는 거예요.
가끔씩 젖병에 담긴 분유를
흔들어준 다음에 손목에 떨어뜨려
온도를 확인하세요.
우유는 뜨겁지 않고 따뜻해야 해요.

분유 수유

아기를 안고 젖병을 물게 하세요.
간단한 일 같겠지만 알아두면 좋은 몇 가지 기술이 있답니다.

아빠의 꿀팁

젖병은 수유를 위한 물건이에요.
장난감이나 쪽쪽이가 아니랍니다!
제 말을 믿어보세요.
수유가 끝나면 젖병은 사라져야 해요.
이 규칙을 지킨다면
나중에 아기가 젖을 뗄 때
훨씬 수월할 거예요.

분유 수유에 가장 좋은 자세 3가지

1번 자세

요람식 안기

이 자세는 아기를 안는 가장 일반적인 방법이에요. 아기의 머리와 몸을 팔꿈치 안쪽에 두고 손으로 아기의 엉덩이 아래쪽을 감싸세요. 그런 다음 팔꿈치를 살짝 들어서, 아기의 머리가 몸보다 높은 사선을 이루게 하세요.

아기가 자라고 활동성이 커질수록 아기가 휘젓는 팔이 방해가 되기 시작해요. 요람식 안기 자세를 취하는 동안 아기의 팔을 통제하는 요령이 있어요. 저는 이것을 감싸기 기술이라고 불러요.

**분유 수유를 위한
최적의 자세**

요람식 안기: 감싸기 기술

정신없이 휘두르는 작은 팔 통제하기

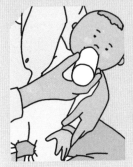

1단계

아기를 요람식으로 안고 있는 동안, 당신의 가슴에 맞닿아 있는 쪽의 아기 팔을 겨드랑이 사이에 집어넣으세요. 첫 번째 팔이 해결됐어요.

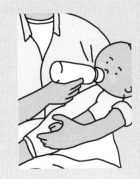

2단계

젖병을 들지 않은 손을 이용하여 계속 아기를 요람식으로 안은 상태에서 아기의 노출된 팔과 손을 감싸세요. 이제 아기의 다른 쪽 팔도 통제하게 되었답니다.

2번 자세

무릎 수유

무릎을 구부려 다리를 세운 자세로 앉으세요. 아기의 등이 당신의 허벅지에 닿은 상태에서 당신을 마주 보는 자세로 올려놓은 뒤, 아기의 머리를 손으로 받쳐주세요. 아기의 발과 다리는 당신의 배에 기대게 하세요.

3번 자세

수직 수유

나이가 더 들어서 신체를 조금 더 통제할 수 있는 아기에게 유용한 자세예요. 아기를 무릎 위에 앉히고 아기의 몸을 당신의 가슴이나 팔 안쪽에 기대게 하세요. 위산이 역류하거나 가스가 잘 차는 아기에게 도움이 될 거예요.

트림

간단하게 트림 시키기

아기에게 트림을 시키는 일은 아기의 소화기관이 더 발달할 때까지 부모가 해야 하는 많은 일 중에 하나예요. 트림은 위나 장의 상부에서 과다하게 발생된 가스가 입으로 배출될 때 일어나는 현상이에요. 아기가 가스를 스스로 처리할 수 있게 될 때(생후 8~9개월 사이)까지 당신이 가스 배출을 도와줘야 해요.

아기 트림 시키기에 관한 팁

• 아기가 토하거나 침을 흘리면 받아낼 수 있도록 당신의 옷과 아기의 입 사이에 항상 손수건을 두세요.

• 대다수의 아기는 부드럽게 토닥거리거나 문질러서 트림을 시킬 수 있지만 어떤 아기는 약간 더 세게 두드려줘야 해요.

• 아기의 위가 위치해 있는 왼쪽 등에 집중하세요.

• 아기가 수유 중에 신경질적인 모습을 보이는 것은 공기를 삼키는 바람에 불편해졌기 때문일 거예요. 공기가 배출되는지 보려면 트림을 시켜보세요. 그것이 아기가 계속 먹기를 거부하게 만든 원인일 수 있어요.

아빠의 꿀팁

트림을 시킬 때
제가 가장 많이 쓴 방법은
아이를 어깨에 둘러메는 것이었어요.
여기에 살짝 흔드는 동작을 추가한다면
거의 확실히 트림이
나올 거라고 생각했지요.

트림 시키는 가장 좋은 방법

방법 1
어깨에 둘러메기

한 팔로 아기의 엉덩이를 감싸서 아기를 지탱할 때 아기의 턱이 당신의 어깨에 받쳐져야 해요(한마디로 아기가 당신의 팔에 앉아 있어요). 당신의 다른 팔로는 앉아 있거나 서 있는 동안 아기의 등을 부드럽게 쓰다듬어주세요.

방법 2
앉기

아기를 무릎 위에 앉힌 채로 안으세요. 한 손으로는 아기의 턱을 손바닥으로 감싸면서 가슴과 머리를 지탱하되, 이때 아기의 목이 아닌 턱을 꼭 붙잡도록 주의하세요. 다른 손으로는 아기의 등을 쓰다듬어주세요.

방법 3
무릎에 엎드리기

아기가 머리를 한쪽으로 돌린 채로 당신의 무릎에 엎드리게 올려두세요. 한 손을 아기의 몸 아래 두어 흔들리지 않게 하고 다른 손으로는 아기의 등을 부드럽게 쓰다듬거나 문질러주세요. 주의: 제가 선호하는 자세는 아니에요. 아기가 엎드리면 침을 더 많이 흘리는 경향이 있다는 사실을 깨달았거든요.

젖떼기

젖병과 작별하기

아기를 젖병과 작별시키는 방법에는 크게 두 가지가 있어요. 갑자기 끊어버리는 방법이 있고, 천천히 치우는 방법이 있죠. 어떤 방법을 쓰든 어느 정도의 반발은 있을 거예요. 우리는 젖병을 천천히 치우는 쪽을 선택했어요. 아침과 밤에만 젖병을 주다가 젖병에 분유를 점점 적게 담았더니 결국에는 아이들이 젖병을 원치 않게 되었죠.

커다란 변화

아이가 젖병에 애착을 가지고 있는 상태에서 이를 제거하는 일은 생각만으로도 어려운 일이에요. 스트레스 없이 젖병을 컵으로 바꾸려면 미리 계획한 다음, 일관성 있게 밀고 나가야 해요.

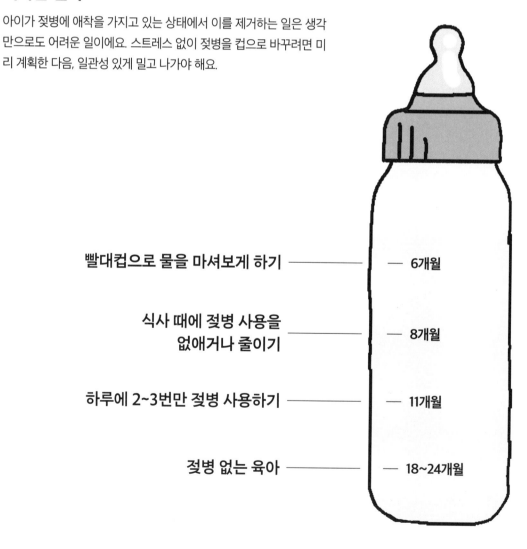

빨대컵으로 물을 마셔보게 하기	6개월
식사 때에 젖병 사용을 없애거나 줄이기	8개월
하루에 2~3번만 젖병 사용하기	11개월
젖병 없는 육아	18~24개월

젖병에서 벗어나기 위한 팁

스트레스가 없는 시기를 고르세요

큰 지장이 없을 만한 때에 젖병 떼기를 시작하는 것이 현명해요. 휴가 중이거나 새로운 집으로 이사할 때와 같은 시기에 시작하지 마세요.

컵을 일찍 경험하게 하세요

생후 6~8개월쯤 되면 빨대컵을 접하게 해서 아기가 컵을 드는 데 익숙해지도록 해주세요. 아기가 한 모금씩 마실 수 있게 도와주세요.

하루에 한 번 대체하세요

9~11개월이 되면 하루에 한 번 식사 시간에 젖병을 빨대컵으로 대체하세요. 매주 또 다른 식사 시간에 컵을 사용하게 하면서 젖병 사용 횟수를 천천히 줄여가세요.

천천히 하세요

인내심을 가지고 천천히 하세요. 이는 점진적으로 이뤄져야 해요.

눈에서 멀어지면 마음에서도 멀어져요

젖병 사용을 줄이기 시작할 때, 아이가 사라진 젖병을 떠올리지 않도록 젖병을 시야에서 안 보이게 치우는 게 좋아요.

칭찬하고, 칭찬하고, 또 칭찬하세요

아이가 컵으로 마실 때면 꼭 크게 칭찬해주세요. 아이가 당신과 똑같이 마시는 모습에 얼마나 감동받았는지 이야기해주세요.

일관성을 유지하세요

일관성이야말로 젖병을 성공적으로 없애는 비결이에요. 식사 시간에 한번 아이에게 컵을 주고 나면 다시 젖병으로 되돌아가지 않게 하세요.

우유와 대체유

1세 미만의 아이에게는 분유나 모유 대신 우유나 대체유를 주지 않는 것이 권장돼요. 아기에게 적합한 모든 영양분을 공급하지 못하기 때문이에요.

꼭 필요한 물품

이유식 시작하기

푸드 프로세서 / 이유식 마스터기 1대

시판 이유식을 사용할 게 아니라면 직접 만들어야 해요. 적합한 장비만 갖춘다면 오히려 빠르고 쉬우며 비용 면에서도 효율적일 수 있어요. 푸드프로세서는 음식을 따로 익힌 다음에 프로세서로 갈아야 하는 반면, 이유식 마스터기는 그 모든 과정을 처리할 수 있다는 차이점이 있답니다.

보관용기 8~10개

이유식을 직접 만든다면 이유식 보관용기가 필요할 거예요. BPA와 프탈레이트가 들어 있지 않으며 식기세척기 사용이 가능한지 확인해야 해요. 보통은 이유식 마스터기를 구매하면 보관용기 몇 개가 들어 있답니다.

숟가락과 포크 3~4개

아이의 잇몸에 닿아도 부드러우며 아기 전용으로 작게 제작된, 끝부분이 뾰족하지 않은 숟가락과 포크를 찾아보세요. BPA와 프탈레이트가 들어 있지 않으며 식기세척기 사용이 가능한지 확인하세요.

이유식 그릇 3개

BPA와 프탈레이트가 들어 있지 않으며 식기세척기 사용이 가능한 그릇으로 선택하세요. 전자레인지 사용이 가능하고 보관용 뚜껑이 함께 들어 있다면 훨씬 더 좋아요.

이유식 식판 5개

BPA와 프탈레이트가 들어 있지 않으며 식기세척기 사용이 가능한 (유리가 아닌) 식판을 선택하세요. 전자레인지 사용이 가능하면 더 좋아요.

유아용 식탁 의자 1개

유아용 식탁 의자를 고를 때에는 사용과 청소가 쉬운(탈부착이 가능하며 세탁기 사용이 가능한 쿠션이 달린) 제품으로 찾아보세요. 탈부착 가능한 트레이와 안전벨트(3점식 또는 5점식 안전벨트), 그리고 쉽게 움직이고 잠기는 바퀴가 장착돼 있어야 해요. 나중에 의자로 개조할 수 있는 제품이라면 더 좋아요. 보관이 용이하며 접어서 식탁 밑에 밀어 넣을 수 있는지 확인해보세요.

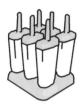

아이스크림 틀 1개

아기가 무척 좋아하게 될 다양한 음식에 부가적인 재미를 더해줄 물건이에요. BPA와 프탈레이트가 들어 있지 않으며 식기세척기 사용이 가능한지 꼭 확인하세요.

간식용기 2개

한 번에 한 가지 간식을 주는 대신 여러 종류를 조금씩 담아줄 수 있으며 아이가 여기저기 간식을 흘리는 것도 방지해줘요. 여행 갈 때 휴대하기에도 매우 좋아요. BPA와 프탈레이트가 들어 있지 않으며 식기세척기 사용이 가능한지 확인하세요.

저장용기 5~10개

아기의 식단에 고형식이 늘어나게 되면 저장용기가 추가적으로 필요해요. BPA와 프탈레이트가 들어 있지 않으며 식기세척기 사용이 가능한 제품이어야 해요. 전자레인지 사용이 가능하다면 음식을 데울 때 다른 그릇에 옮겨 담지 않아도 돼서 더 좋아요.

빨대컵 2~3개

고형식으로 바꾸기 시작할 때쯤 빨대컵도 사용하기 시작할 거예요. 컵은 BPA와 프탈레이트가 들어 있지 않으며 식기세척기 사용이 가능해야 해요.

꼭 맞는 제품으로 준비하세요!

Simplestbaby.com에 접속하여 가장 똑똑한 아기용품 및 필수품 추천 목록을 확인하세요.

고형식

시점 / 단계

아기가 고형식을 먹을 준비가 되었다는 신호

- 아기가 잘 앉을 수 있고 도움 없이도 고개를 똑바로 가눌 수 있어요.
- 아기가 고형식을 반사적으로 뱉어내지 않아요.
- 아기가 음식을 씹듯이 입을 오물거리며 움직여요.
- 아기가 엄지와 검지로 '집게' 모양을 만들어 물건을 집어요.
- 아기가 당신의 음식에 관심을 보이고, 그것을 집어서 자신의 입속에 넣으려고 시도해요.

음식 알레르기

만약 아기가 새로운 음식에 알레르기가 있다면 보통 몇 분이나 몇 시간 안에 알레르기 반응의 징후를 보게 될 거예요. 음식 알레르기가 있는 아이들의 대부분은 가벼운 반응을 보여요. 만약 두드러기, 구토, 또는 설사 증세를 보이면 최대한 빠른 시간 내에 주치의에게 전화해 조언을 구하세요.

만약 쌕쌕거림, 호흡 곤란, 얼굴 부기(혀와 입술 포함)가 나타난다면 생명을 위협하는 아나필락시스 반응을 보이는 것일 수 있어요. **즉시 119에 전화**하거나 지역응급의료센터에 연락하세요.

간단한 팁

최근 입증된 내용에 따르면 일반적으로 알레르기를 잘 일으키는 음식을 생후 4~6개월 아기에게 먹여도 된다고 해요. 그렇게 하면 아기가 해당 음식에 알레르기가 생길 위험을 줄이는 데 도움이 될 수 있어요. 음식을 주기 전에 의사와 상의하세요.

일반적으로 알레르기를 일으키는 음식
우유, 달걀, 생선, 갑각류, 땅콩, 견과류, 밀가루, 콩

고형물과 우유

아기가 한 살이 될 때까지는 모유나 분유가 여전히 아기에게 필요한 열량과 영양분의 대부분을 제공해줘요. 두 가지 모두 소화시키기 쉬운 형태로써 필수 비타민과 철분, 단백질을 제공해준답니다. 결국에는 고형식이 모유나 분유가 생후 첫 1년 동안 제공했던 영양분을 대체하게 될 거예요.

고형식 접하게 하기

3~5일마다 고형식 1가지

소금이나 설탕이 들어가지 않으면서 단일 재료로 만든 이유식으로 시작하세요. 3~5일 이상 한 가지의 새로운 음식을 준 다음에 또 다른 새로운 음식을 3~5일 동안 시도해보세요. 이렇게 하면 아기가 특정 음식에 알레르기 반응이나 불편함, 변비 등의 증세를 보이는지 알 수 있어요.

아빠의 꿀팁

끝부분이 부드러운 플라스틱 숟가락을 사용하여 아기에게 음식을 먹이면 아기의 잇몸이 다치지 않게 하는 데 도움이 돼요. 이는 치아가 올라오기 시작할 때 아이가 깨물며 놀 수 있는 좋은 장난감도 된답니다.

4~6 개월

생후 4~6개월이 되면 이유식을 시작해요. 이유식을 먹을 준비가 되었는지의 여부는 아기의 소화기관과 발달 준비 상태에 달려 있어요. 이는 아이마다 다르므로, 모든 아이는 각자 다른 시기에 이유식을 시작할 준비가 될 거예요.

이유식으로 시작하기 좋은 음식

 고구마

 호박

 사과

 바나나

 유아용 시리얼

 배

 복숭아

이유식 아이디어

아기가 좋아할 만한 빠르고 간단한 이유식 조합을 찾는다면 Simplestbaby.com/simply-the-best-puree-recipes-for-baby를 확인하세요.

고형식

시점 / 단계

6~8
개월

생후 6~8개월이 되면 갈거나 체에 거르거나 으깬 음식을 추가로 시도해보세요. 여전히 모유나 분유를 먹이겠지만 아기의 끼니 중 일부는 빨대컵으로 마셔보게 하세요.

6~8개월 음식

 고구마

 호박

 당근

 바나나

 배

 사과

 복숭아

 유아용 시리얼, 귀리와 보리

 닭고기

 돼지고기

 칠면조 고기

 두부

 소고기

 당이 없는 요구르트

 검정콩, 병아리콩, 풋콩, 렌즈콩

8~10개월

생후 8~10개월이 되면 아기는 자잘한 조각으로 다지거나 으깨서 만든, 덩어리가 더 많고 부드러운 음식을 먹어볼 거예요. 아기에게 추가적으로 새로운 음식을 먹여보세요. 대부분의 아기는 이때부터 하루에 세 끼를 먹게 돼요.

8~10개월 음식

 고구마

 호박

 당근

 바나나

 배

 사과

 복숭아

 유아용 시리얼, 귀리와 보리

 닭고기

 돼지고기

 칠면조 고기

 두부

 소고기

 당이 없는 요구르트

 검정콩, 병아리콩, 풋콩, 렌즈콩

 푹 익힌 파스타

 치발기 과자

 연질 치즈

 스크램블드 에그

 아보카도

 뼈 없는 생선

이유식 아이디어

아기가 좋아할 만한 빠르고 간단한 이유식 조합을 찾는다면 Simplestbaby.com/simply-the-best-puree-recipes-for-baby를 확인하세요.

고형식

시점 / 단계

1년
아기가 만 1세가 되면 손으로 집어 먹을 수 있는 부드러운 음식과 함께 당신이 숟가락으로 떠먹여주는 음식을 조합하여 식사를 준비해야 해요.

하루 식사 3번 + 간식 2번

식사에는 과일과 채소, 달걀, 고기, 생선을 많이 포함시키세요.

유기농 우유

아기가 만 1세가 되었을 때 일어나는 가장 큰 식단 변화 중 하나는 유기농 전유를 시도해볼 수 있다는 것이에요.

미국소아과학회는 아이가 하루에 우유를 약 470~710mL를 먹길 권장해요. 튼튼한 뼈와 치아에 칼슘이 꼭 필요하기 때문이지요. 하지만 만 1세 미만의 아이에게는 우유를 주면 안 돼요.

음식물 주의사항

설탕을 주의하세요

일반적으로 만 1세 아기는 단 음식을 먹으면 안 돼요. 또한 과량의 당분은 충치와 비만을 유발할 수 있으므로 많은 음식에 포함된 눈에 보이지 않는 당분을 주의해야 해요. 유아에게 색소와 향료, 탄산이 첨가된 과즙 음료, 탄산음료 등을 주지 마세요.

꿀을 주의하세요

만 1세 미만의 아이에게 절대 꿀을 먹이지 마세요. 아기가 흙이나 꿀, 꿀이 들어간 제품에서 발견되는 포자를 섭취함으로써 보툴리누스 식중독에 걸릴 수 있어요. 이러한 포자는 장에서 세균으로 자라나 몸속에서 해로운 신경독을 만들어내요.

만 1세 아기에게 적절한 고형식

유아는 당신이 먹는 대부분의 음식을 먹을 수 있어요. 하지만 소화기관이 아직 발달 중이기 때문에 매운 음식은 멀리해야 돼요. 견과류, 포도, 팝콘, 핫도그와 같이 질식 위험이 있는 음식도 여전히 조심해야 돼요.

아빠의 꿀팁

포도: 우리 딸은 포도를 무척 좋아하지만 아이들은 포도가 목에 걸릴 위험이 커요. 그러한 위험을 줄이려면,
1. 씨 없는 포도만 구입하세요.
2. 포도를 언제나 2분의 1 또는 4분의 1 크기로 자르세요.
3. 아기가 입에 물 수 있는 과즙망을 사용하세요.

음식 먹이기 팁

병에 든 음식을 아기에게 먹일 때에는 입안에서 나온 세균이 병 속에 남은 음식을 오염시키지 않도록 다른 그릇에 덜어서 먹이세요.

자신이
아기처럼 잘 잔다고
말하는 사람은
아기가 없는 사람이다.

제발 잘 자줘!

(당신과) 아기가 잘 자기 위해 알아야 할 사항

수면

일반적인 단계

	신생아, 1개월	2~3개월
1일 수면 시간	• 약 18~20시간	• 약 16~17시간
밤잠	• 수유를 위해 **2~3시간마다 아기를** **깨우세요** • 당신은 거의 잠을 자지 못해요	• 당신은 밤 동안 **간간이** 잠을 자요
낮잠	• 위와 같이 수유를 위해 **2~3시간마** **다 아기를 깨우세요**	• 하루에 약 **3~4회**(혹은 그 이상) 낮잠을 자요
기술	속싸개	속싸개

아기가 통잠을 자게 하는 것은 부모의 가장 중요한 과업 중 하나이자 가장 힘들고 초조한 과업이기도 하지요. 아래 표는 이러한 단계를 성취해내는 보통의 연령을 보여줘요. 모든 아기는 제각기 다르며, 특히 조산아나 질병이 있는 아이에게는 어느 정도의 유연성이 필요하다는 사실을 명심하세요.

4개월	5~6개월	6~12개월
• 약 **14~16시간**	• 약 **13~16시간**	• 약 **13~16시간**
• 생후 4개월까지는 아기가 통잠을 잘 때까지(또는 밤에 최소한 10시간 이상을 잘 때까지) **수면 교육을 시작해요** • 당신은 **밤을 되찾게 돼요!**	• 모든 아기가 **밤에 통잠을** 10~12시간 잘 수 있는 능력을 갖춰야 해요	• 아기가 **통잠을 자요**(예를 들면 저녁 7시부터 아침 6~7시까지)
• 약 **3회의 낮잠**	• 여전히 낮잠을 3회 자는 아이도 있지만 **보통은 오전에 1회, 오후에 1회**	• 오전과 오후에 1회씩 **하루 2회의 낮잠**
속싸개 대용품	**속싸개 대용품**	**해방**

꼭 필요한 물품

밤을 위해 필요한 것

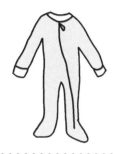

잠옷 4~5벌

아기는 빠르게 자라나니 잠옷은 최소한의 개수만 구입하여 비용을 절약하세요! 질식이나 과열의 가능성이 있는 모자 달린 잠옷이나 헐렁한 잠옷은 피하세요. 집 안의 온도에 따라 여름에는 가벼운 소재의 잠옷을, 겨울에는 두꺼운 소재의 잠옷을 준비하세요.

밤 기저귀

기저귀가 새서 엉망진창이 되는 상황을 방지하기 위해 보통 낮에 사용하는 종류보다 흡수력이 좋으며 밤새 아기를 보송하게 해주도록 고안된 제품이에요.

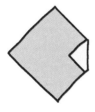

속싸개나 속싸개 대용품 3개

아기를 특정한 방법으로 감싸서 편안하게 해주고 따뜻하고 안전하게 지켜줘서 아기가 더 잘 자게 하기 위해 만들어진 싸개예요. 부드러운 순면이나 무명천으로 된 제품을 찾아보세요.

슬립수트 / 슬리핑백 2벌

아기가 침대에 등을 대고 누워서 잘 수 있도록 디자인된 속싸개 과도기용 제품이에요. 안락하고 안전한 느낌을 주며 아기의 모로반사(아기가 자극에 깜짝 놀라면서 보이는 반사행동 - 옮긴이)를 줄여줘서 잘 자도록 도와줘요.

백색소음기 1개

이 장치는 마음을 안정시키는 백색소음을 들려줘요. 다양한 소리 설정과 옵션이 있는 제품으로 찾아보세요. 아기의 울음을 그치게 하고 아기가 더 빨리, 더 오래 자는 데 도움이 된답니다.

쪽쪽이 2~3개

BPA가 들어 있지 않은 실리콘이나 라텍스 소재의 제품을 고르세요. 쪽쪽이의 젖꼭지는 두 종류로 나와요. 일반적인 원형 젖꼭지와 치아 교정용 젖꼭지가 있지요. 두 가지 다 좋은 선택이에요. 사이즈도 여러 가지로 나온답니다.

베이비 캠 1대

유선이나 무선으로 충전이 가능한 베이비 캠을 준비하세요. 야간모드가 있으면 빛이 적거나 없을 때 더욱 선명한 영상이 제공돼요. 확대할 수 있어야 하고, 아기가 움직일 때 따라갈 수 있도록 렌즈 방향 조절 기능이 있어야 해요. 실내 온도를 측정하는 기능도 필요해요.

꼭 맞는 제품으로 준비하세요!

Simplestbaby.com에 접속하여 가장 똑똑한 아기용품 및 필수품 추천 목록을 확인하세요.

안전한 수면

영아돌연사증후군 방지

영아돌연사증후군(SIDS)은 겉보기에 건강해 보이는 아기가 잠자는 도중에 갑작스럽게 사망하는 증후군을 말해요. 아기를 안전하게 재우고 SIDS의 위험을 낮추기 위해 알아야 할 사항들이 있어요.

누워서 자는 자세가 가장 안전해요

영아돌연사증후군의 위험을 줄이기 위해 가장 안전한 수면 자세는 **언제나** 똑바로 눕는 자세예요.

아기의 위험 요소

- **성별** SIDS로 사망할 가능성은 남자아이가 조금 더 높음

- **나이** 생후 2~4개월 정도의 신생아

- **미숙한 상태** 조산아로 태어났거나 저체중으로 태어난 아기

- **인종** 백인이 아닌 신생아가 SIDS의 위험이 더 큼

- **가족력** SIDS로 사망한 형제자매나 친척이 있는 아기

- **간접흡연** 흡연자가 있는 가정의 아기

부모의 위험 요소

- 20세 미만의 엄마

- 허술한 산전 관리

- 아기 주변에서의 흡연

- 음주나 약물 복용

SIDS의 위험을 줄이기 위한 팁

아기 침대 **매트리스가 단단한지** 확인하세요.

질식 위험을 방지하려면 통기성이 있는 메시 소재를 제외한 **범퍼를 사용하지 마세요.**

아기를 **절대 엎드려 재우거나 옆으로 재우지 말고,** 항상 똑바로 누운 자세로 재우세요.

아기 주변에서 **흡연하지 마세요.**

아기가 과열되지 않도록 하세요. 실내 온도를 **20~22℃**로 유지하세요.

아기가 **시기별로 권장되는 예방 접종을 꼭 받게** 하세요.

인형과 담요를 아기 침대 안에 들이지 마세요. 질식 위험을 방지하기 위해 시트가 꼭 맞게 씌워져 있는지 확인하세요.

잘 자기

당신과 아기 모두 밤에 푹 자야 해요

아빠의 꿀팁

청소기, 텔레비전, 라디오 잡음, 세탁기 소리를 휴대폰으로 녹음해두면 경제적인 방법으로 나만의 백색소음기를 만들 수 있답니다. 다양한 음악 앱 중 하나를 이용하여 백색소음을 찾아봐도 좋아요.

아기의 수면을 돕는 간단한 방법

수면의식을 만드세요

일정한 시간에 잠자리에 들게 하고, 지속적으로 15~30분 동안 수면의식을 수행하세요. 수면의식은 아기를 목욕시키고 밤 기저귀와 잠옷을 입힌 다음, 조명을 어둡게 하고 책을 읽어주거나 수유를 하는 등의 간단한 일이면 충분해요.

아기를 단단히 감싸주세요

아기 감싸기는 아기의 팔과 다리를 몸통에 바짝 붙어 있도록 고정시켜서 아기가 깨지 않도록 천으로 감싸는 방법이에요. 감싸기는 아기에게 자궁 속에 있을 때와 같은 안정감을 줘서 아기를 진정시켜준다고 해요.

눈 맞춤을 자제하세요

눈 맞춤은 아기에게 자극을 준다고 해요. 밤중 수유와 기저귀 교체 시, 그리고 잠자리에 들기 직전에는 긴 눈 맞춤을 자제하세요.

실내 온도를 조절하세요

아기 방의 온도를 20~22℃로 유지하면 아기가 더 잘 자는 데 도움이 된다고 해요. 과열은 SIDS를 유발하는 잠재적인 요소가 되는 것으로 알려졌으니 방 온도를 너무 덥지 않게 조절하세요.

방을 어둡게 하고 조광기를 사용하세요

신생아는 24시간 주기의 생활 리듬이 아직 완전히 잡혀 있지 않아요. 밤중 수유와 밤 기저귀 교체 시에 방을 어둡게 하거나 조명의 밝기를 낮추세요. 이렇게 하면 아기의 생활 리듬을 확립시키는 데 도움이 된답니다.

백색소음기를 사용하세요

신생아는 주기적인 소리, 특히 자궁 속에서 들었던 것과 비슷한 소리를 편안하게 느껴요. 청각 손상을 예방하려면 볼륨을 너무 크게 올리지 마세요.

카페인을 줄이세요

모유 수유를 하고 있다면 당신이 마시는 카페인이 아기의 수면에 영향을 미친다는 사실을 명심하세요.

부드러운 아기 마사지를 연습하세요

몇몇 부모들은 잘 시간에 아기를 15분 동안 부드럽게 마사지해주면 아기가 더 빨리 잠들고 덜 깨어나도록 하는 데 도움이 된다고 이야기해요.

마지막 수유를 하세요

모유든 분유든 잠들기 전에 마지막으로 한 번 수유해주면 아기가 더 오래 자는 데 도움이 될 거예요.

아빠의 꿀팁

문제: 생후 4개월이 된 아기가 한두 시간 일찍 일어나요.

팁: 곱게 간 귀리 가루를 마지막 수유 젖병에 타서 아기가 더 오랫동안 포만감을 느끼게 해주세요. 아무리 고운 가루라도 작은 사이즈의 젖꼭지는 막힐 수 있으니 큰 사이즈로 사용해야 해요.

전통적인 감싸기

당신과 아기가 더 잘 자도록 도와줘요

0~4
개월

감싸기란?

감싸기는 신생아를 정사각형 모양의 천으로 꼭 맞게 둘러싸는 방법을 말해요. 이는 아기가 자궁 속에서 경험했던 느낌과 유사한 안정감을 만들어주지요. 또한 아기가 더 빨리, 더 오래 잠들도록 도와줘요. 감싸기는 아기가 똑바로 누워서 잘 때만 사용하는 방법이에요.

대부분의 아기는 감싸줬을 때 더 잘 자지만 그렇지 않은 아기도 있어요. 당신의 아기가 후자의 경우라면 속싸개 대용품을 시도해보거나 이 과정을 완전히 건너뛰세요.

단계적인 감싸기 방법

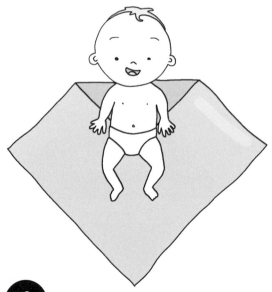

1 평평한 바닥 위에 속싸개를 마름모 모양으로 놓고 맨 위쪽 모서리를 조금만 접으세요. 아기를 속싸개 위에 똑바로 눕힌 다음, 아기의 어깨선과 속싸개의 위쪽 선을 맞추세요.

2 아기의 오른팔을 내려서 오른쪽 옆구리에 붙어 있도록 살짝 붙잡은 다음, 같은 쪽 속싸개 자락을 당겨 아기의 몸을 감싸서 왼쪽 옆구리 밑으로 모서리를 밀어 넣으세요.

경고: 감싸기 주의사항

너무 헐렁하면

너무 헐렁하게 감싸면 잠자는 도중에 풀린 속싸개가 아기의 얼굴을 덮어서 질식과 SIDS의 위험을 유발해요.

너무 조이면

아기의 엉덩이 부근이 너무 꽉 끼게 감싸면 둔부에 손상을 입힐 수 있어요.

너무 더우면

감싸기는 과열의 가능성을 높일 수 있으므로 아기가 너무 더워지지 않게 하세요. 만약 아기가 땀을 흘리거나, 머리카락이 축축해지거나, 볼이 붉어지고 땀띠가 올라오거나 호흡이 빨라지는 모습을 발견한다면 방 온도가 20~22℃인지, 그리고 아기가 감싸기를 할 때 기저귀만 차고 있는지 확인해보세요.

감싸기를 중단해야 할 때

아기가 뒤집기를 시작하면 감싸기를 중단해야 해요.

3 속싸개의 아래쪽 모서리를 당겨서 다리를 덮은 다음, 맨 처음 접은 곳의 아래쪽, 아기의 왼쪽 어깨 밑으로 모서리를 밀어 넣으세요. 이때 여전히 다리를 움직일 수 있어야 해요.

4 왼쪽 팔을 아기의 몸통 옆에 똑바로 내려 놓으세요. 마지막 모서리로 몸을 꽉 감싸서 아기의 등 뒤로 보낸 다음, 끝부분을 뒤쪽 속싸개 밑으로 밀어 넣으세요.

감싸기를 하는 더 쉬운 방법

새로운 속싸개와 속싸개 대용품

속싸개의 세대교체

요즘 속싸개는 다양한 스타일과 디자인으로 나온답니다. 다양한 잠금 방식과 주머니, 덮개가 달려 있어서 감싸기 과정을 더욱 편리하고 훨씬 더 수월하게 만들어줘요.

• 최신 속싸개

최신 속싸개에는 다리를 넣는 용도의 끝이 막힌 주머니와, 감싸기를 훨씬 더 간단하게 만들어주는 덮개가 달려 있어요.

• 스와들업

스와들업은 찍찍이, 단추, 스냅 단추와 같은 잠금장치가 달린 슬리핑백(입을 수 있는 속싸개)이에요.

• 보낭형 속싸개

신축성 좋은 스판덱스와 면의 혼방 직물로 만들어진 제품으로, 아기를 넣고 간단히 지퍼를 채워서 입히는 속싸개예요.

감싸기를 그만해야 할 때

일단 아기가 뒤집기를 시작하거나 그러한 조짐을 보이면 감싸기를 완전히 멈춰야 해요. 뒤집기는 보통 (아기가 더 일찍 뒤집기 시작하는 경우를 제외하고는) 생후 약 14주쯤에 시작돼요. 이제 슬립수트나 슬리핑백으로 바꿀 때가 된 것이지요.

아빠의 꿀팁

아기에 관련된 모든 일이 그렇듯이
모든 아기에게 모든 제품이
잘 맞지는 않으므로 무엇이 잘 맞는지
시험해봐야 해요. 우리 가족이 가장 좋아하는
제품은 미라클블랭킷 제품이에요.
그 제품을 우리 두 아이에게
사용했을 때 가장 쉽고 간단하게
느껴졌답니다.

다음은 무엇일까

속싸개에서 벗어나는 과도기

자, 이제 속싸개 사용은 그만뒀지만 아기에게는 아직 튼튼한 목과 팔, 다리 근육을 발달시킬 시간이 더 많이 필요하지요. 바로 이때가 과도기 수면 제품이 필요한 시점 이랍니다. 이 제품들은 아기가 안전하게 잠들게 도와주면서 지속적으로 발달하는 데 필요한 추가적인 시간을 제공해줘요.

과도기 수면 제품이란?

아기가 속싸개를 벗어나 스스로 잠들게 될 때까지의 과도기를 더욱 안전하게 경험하도록 도와주는 제품이에 요. 아기가 스스로 뒤집을 힘이 생기도록 등과 목, 코어 근육, 팔, 다리를 강화할 시간을 줘요.

• 슬립수트

이 수면용 복장은 아기에게 온기를 제공하며, 속싸개처럼 몸을 받쳐주면서도 팔과 다리를 움직일 수 있는 부가 적인 자유를 줘요. 슬립수트에는 아기가 뒤집는 것을 방지하기 위해 무게를 주는 소량의 충전재가 들어 있어 요. 이는 또한 아기가 혼자서 깜짝 놀라거나 움찔거리는 동작 때문에 잠에서 깨는 현상도 줄여줘요.

• 슬리핑백

침낭과 비슷하지만 소매가 달렸으며 아기가 뒤집는 것을 방지하고자 무게를 위한 충전재가 조금 들어 있어요.

슬립수트 사용 팁

- 슬립수트는 오로지 똑바로 누워서 잘 때만 사용해야 하는 제품이에요.
- 슬립수트는 빈 침대에서 사용해야 해요.
- 누군가와 같이 자거나 수면 위치를 조정할 만한 물건과 같이 사용하는 것은 추천하지 않아요.
- 실내 온도는 적정 온도를 유지해야 해요.
- 만약 아기가 슬립수트를 입은 상태로 뒤집을 수 있거나 그럴 조짐이 보이면 사용을 중단하세요!

수면 시 온도

20~22℃

겨울이든 여름이든
상관없이
아기가 잘 때 권장되는
실내 온도.

우리는 슬립수트를 사용해보고 매우 효과적이라고 느꼈어요. 슬립수트 덕분에 아들과 함께
다양한 아기 체조를 시도하면서 아들의 근육을 강화시킬 수 있는 시간이 더 생겼답니다.

울음

아기에게 스스로 진정하는 법 가르쳐주기

아기가 울면 당신은 아기를 확인하고 달래고자 아기를 안아 들겠지요. 생후 3개월쯤 되면 당신은 이러한 충동을 제어하기 시작해야 해요. 아기는 학습 기계와도 같아서 양육자를 조종하는 법을 빠르게 학습해요. 울기만 하면 언제든지 안겨서 위로받는다는 사실을 학습하게 되지요. 항상 아기를 안아 들고 달래주는 일이 무해하다고 생각할 수도 있지만 이는 시간이 갈수록 현실적인 문제로 바뀔 수 있어요.

아무 문제가 없는데도 내려놓기만 하면 한참 동안 우는 아기 때문에 애를 먹게 될지도 몰라요. 이러다가는 당신이 다시는 잠을 잘 수 없게 될 수도 있어요. 그런 상황을 방지하려면 아기가 울기 시작할 때 잠시 멈춰 서서 기다려야 해요. 보통은 아기를 내려놓을 때 아기가 울기 시작할 텐데, 그때 울도록 놔둬야 해요. 우선 아래 항목을 확인해보세요.

아기가 울 때 확인할 사항

✔ 아기가 수유를 했나요?

✔ 아기가 트림을 했나요?

✔ 아기 기저귀는 깨끗한가요?

✔ 아기 배에 가스가 찼나요?

✔ 아기에게 열이 있나요?

✔ 아기가 이앓이를 하고 있나요?

15~20분
동안 기다리세요

방법

앞 페이지의 사항을 확인한 다음에는 기다려야 해요. 15~20분 동안 은 아이가 울도록 놔두세요. 울음이 끈질기게 이어진다면 아기가 변 을 보았거나 트림을 해야 하거나 배에 가스가 차 있는 문제 등이 있 을 확률이 크므로 아기를 다시 확인해보세요. 이 방법을 일찍 시작 해서 일관성 있게 해나가는 것이 매우 중요해요. 생후 1개월까지는 아기가 수유 때문에 꽤 자주 변화할 것이므로 이 방법을 사용하면 안 돼요. 이 방법을 시작해도 되는 시기는 생후 2~3개월쯤이에요.

수면 교육

당신의 잠을 되찾으세요

절대 다시 잠들 수 없으리라는 생각은 모든 부모가 하는 생각이에요. 잠이야말로 초보 부모들의 삶에 가장 큰 영향을 끼치는 부분임을 깨닫게 되지요.

간단한 팁

아기에게 스스로 잠드는 법을 가르치기 전에 아이를 매일 밤 일정한 시간에 침대에 눕힘으로써 규칙적인 스케줄을 가지게 하세요.

수면 교육이란?

수면 교육은 아기가 한번 잠들면 여러분이 수유를 하거나 달래거나 기저귀를 교체하기 위해 깨는 일 없이 밤새 잠들어 있도록 가르치는 일이에요. 소수의 운 좋은 부모는 이를 쉽게 해내지만 대부분의 부모에게는 힘든 과정이지요. 수면 교육은 아기가 밤중에 깨더라도 스스로 진정해서 다시 잠들게 하기 위한 교육이에요.

> **주의** 다양한 수면 교육 기법은 제각기 다른 논란의 소지가 있어요. 각자 자신의 아기에게 어떤 방법이 적합한지 알아내야 해요.

시작 시기

건강한 아기라면 아기의 체중에 따라 대략 생후 4~5개월쯤에 수면 교육을 시작하면 돼요.

수면 교육을 시작해야 하는 시기

약 5.5~6kg | 생후 4~5개월

아기가 수유할 필요 없이 스스로 진정하여 밤에 통잠을 잘 수 있는 수준에 도달하는 시기예요.

아기가 준비가 됐나요?

아기가 체중이 더디게 늘고 있거나 조산아라면 밤중 수유를 중단할 준비가 안 됐을 수도 있으므로, 아기의 특정한 조건에 적합한 수면 교육 스케줄이 필요할 거예요. 신생아에게 수면 교육을 시작하려면 아무런 의학적 우려가 없어야 하며 소아과 의사가 검증한 건강한 성장 곡선을 그리고 있어야 해요.

수면 교육 기법

소거 / 울게 놔두기

이 기법은 아기를 침대에 내려놓은 다음, 당신이 특별히 달래주거나 도와주지 않고 잠들 때까지 울도록 놔두는 과정을 포함하고 있어요.

아기를 배불리 먹이고 안전한 환경을 갖춰준 뒤에 침대에 내려놓고 나면, 다음 날 아침에 아기가 일어날 시간이 되거나 수유할 시간이 될 때까지 아기에게 돌아가지 마세요.

퍼버법

퍼버법은 소거 기법이에요. 아기를 달래주기 전에 일정한 시간 동안은 아기가 울도록 놔두는 것이지요. 우는 아기를 확인하기 전에 놔두는 시간을 며칠 밤에 걸쳐 점차적으로 늘려가야 해요. 결국에는 아기 스스로 진정하는 법을 깨우치게 된답니다.

의자요법

아기가 잠들 때까지 아기를 안아 들지 않고 아기 침대 옆에 놓아둔 의자에 앉아 있으세요. 만약 아기가 울더라도 아기를 안고 달래주지 마세요. 매일 밤 의자를 점점 더 멀리 가져가서 최종적으로는 의자를 가지고 방 밖으로 나가야 해요.

수면 시간 연기법

아기가 졸린 기색을 보이면 침대에 내려놓으세요. 아기가 바로 잠들면 좋겠지만, 만약 심하게 울기 시작한다면 아기를 침대 밖으로 꺼내세요. 일정한 시간(30분) 동안 아기를 달래준 후에 다시 한번 시도하세요. 며칠에 걸쳐 같은 시간에 아기를 내려놓은 다음, 수면 시간을 15분 단위로 조정하면서 당신이 희망하는 시간에 도달할 때까지 위의 과정을 반복하세요.

안눕법

아기를 침대에 내려놓고 아기가 울면 몇 분 정도는 스스로 다시 잠드는지 지켜보며 기다리세요. 아기가 잠들지 못하면 아기를 안아 들고 진정시킨 다음, 다시 침대에 눕히세요. 아기가 완전히 잠들 때까지 이 과정을 반복하세요. 긴 과정이 될 수 있으므로 인내심이 필요해요.

수면 퇴행

잠깐, 잘못된 방향으로 가고 있어요.

수면 교육이 잘 돼가는 듯하다가 갑자기 아기의 수면 패턴이 달라지면서 문제가 생기기도 해요. 아기가 성장하면서 이러한 차질이 따르는 경우는 매우 흔하답니다. 이는 일시적인 현상이며, 보통 아기의 자연스러운 성장과 발달, 이앓이, 불편함 등의 문제로 인해 발생해요.

심플리스트베이비 수면 스케줄

수면 교육의 대안

수면 교육은 많은 부모들에게 어렵고 절망적인 과정이지요. 심플리스트베이비 수면 스케줄이 대안이 되어줄 거예요.

스케줄이 정해진 육아를 하면 모든 육아 활동에 정해진 시간이 생기기 때문에 삶이 훨씬 수월해져요. 또한 식사, 놀이, 수면 등을 할 때 따를 수 있는 스케줄이 있으니 다른 사람이 개입해서 도와주기도 쉽지요.

우리 아이들에게 이 방법을 썼더니 한 아이는 생후 3개월에 통잠을 자기 시작했고 다른 아이는 4개월부터 통잠을 잤답니다. 이 방법을 성공시키려면 엄격하고 꾸준하게 낮과 밤 스케줄을 따라야 해요. 너무 딱딱한 방법이라고 느끼는 부모도 있겠지만, 제가 확실한 효능을 보장해드릴게요.

심플리스트베이비 수면 스케줄이란?

수면 스케줄은 아기를 위해 특별히 설정된 낮과 밤 스케줄을 말해요. 아기가 수유하려고 깨는 일 없이 밤에 통잠을 잘 때까지 서서히 밤중 수유를 없애가기 위해, 수유를 포함한 육아 활동 시간을 추적해야 해요.

낮 동안 일어난 일은
밤에 일어나는 일에 영향을 미쳐요.

1 낮 동안의 식사량을 늘리세요

수유, 수면, 놀이, 목욕으로 이뤄진 낮 시간 스케줄을 따라야 해요. 낮 동안 했던 활동의 조합이 아기가 밤에 통잠 자는 법을 학습하고 다른 발달 단계들을 성취해나가는 데 도움이 된답니다. 스케줄을 통해 낮 동안 아기가 먹는 음식의 양을 꾸준히 늘려가면서 식사량을 추적해보세요.

2 밤중 수유 횟수를 줄이세요

낮 동안 모유나 분유의 수유량을 늘리면서 밤에는 수유 횟수를 점차적으로 줄여나가다가, 최종적으로는 밤중 수유 자체를 그만하게 될 거예요.

낮 수유량 30mL 추가
= 밤 수면 1시간 증가

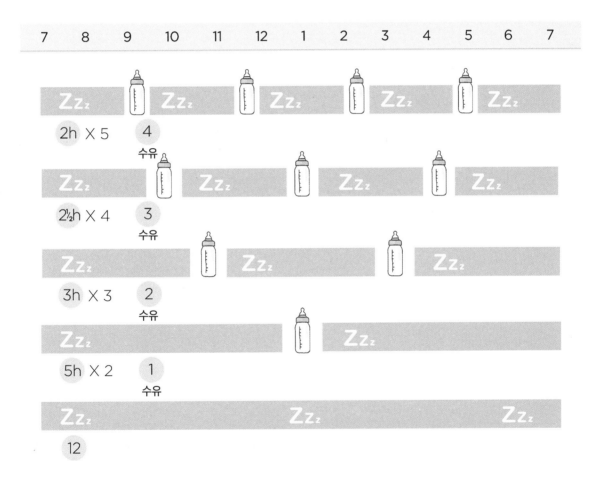

3 길어진 수면 시간

아기가 배고파서 깨는 일 없이 오래 잘 수 있도록 수면 시간이 계속 길어지게 놔두면서 밤중 수유 횟수를 지속적으로 줄여나가세요.

4 통잠

함께 자기

지금은 모두 함께 자요

함께 자기는 기본적으로 아이와 아주 가까이서 자는 것을 말해요.

함께 자기란?

함께 자기란 아기와 다른 방에서 자는 대신 아기 침대나 성인 침대에서 부모 중 한 사람이나 부모 둘 다와 함께 아기를 재우는 훈련이에요.

함께 자기의 몇 가지 변형이 있어요.

1. 사이드카 배치

아기 침대를 부모 침대의 한쪽 면에 맞닿게 배치해요. 부모가 아기에게 쉽게 접근할 수 있도록 부모의 침대에 맞닿은 쪽의 아기 침대 면이 더 낮거나 같아야 해요.

2. 같은 방 다른 침대

아기 침대가 부모의 침대와 같은 방에 있으며, 부모가 쉽게 닿을 수 있도록 충분히 가까운 거리에 있어요.

3. 필요에 따라 부모와 함께 자기

아기 방이 따로 있지만 필요에 따라 아기를 부모의 침대로 데려와서 함께 자요.

4. 침대 공유 / 가족 침대

부모와 아기가 같은 침대에서 자요.

침대 공유가 안전한가요? 아니요

아기와 같은 침대에서 자면 위험할 수 있어요. 아기를 팽팽하게 꼭 맞는 시트가 깔린 평평한 바닥에서 재우지 않으면 SIDS의 위험이 증가해요.

부모의 잠귀가 어두운 경우에는 부모가 아기 위로 굴러서 아기를 질식시킬 위험도 있어요. 아기가 침대 밑으로 떨어질 가능성도 있지요.

함께 자기와 SIDS

당신의 방에서 아기를 재우면 실제로 SIDS의 위험이 감소해요. 미국소아과학회는 가능하다면 최소 6개월에서 최대 1년까지는 부모와 같은 방에서(그러나 다른 침대에서) 아기를 재우길 권고한답니다.

개인적인 기호

함께 자기를 선택하는 것은 개인적인 기호의 문제이며 해당 가족의 여건에 달려 있어요.

이런,
내가 또 저지르고,
또 저질러버렸네.

변 이해하기

당신은 살면서 더러운 일을 수없이 많이 마주했겠지요.
이제부터는 훨씬 더 많은 (말 그대로) 더러운 일을 다루게 될 거예요.
이 장은 아기의 변을 이해하고 관리하는 데 도움을 주고자 쓰였어요.

꼭 필요한 물품

변을 처리할 때 필요한 물건

기저귀 갈이용 패드 1개

양쪽 가장자리가 살짝 높게 경사진 형태로, 방수가 되고 쉽게 깨끗이 닦이는 제품으로 찾아보세요. 아기를 버클로 채우는 조절 가능한 안전띠와 어디에 올려두든 패드를 고정할 수 있는 고정용 끈이 있어야 해요.

기저귀 갈이용 패드 커버 2개

세탁하기 쉽고 빈번한 세탁에도 망가지지 않으면서 흡수력이 좋고 편안하며, 방수가 되는 커버가 필요해요.

기저귀 쓰레기통 1개

냄새 조절 장치가 있고 방수가 되고 용량이 크면서 높이가 높은 쓰레기통을 선택하세요. 페달을 밟으면 뚜껑이 열리는 제품으로 하세요. 아이가 열 수 없는 잠금장치가 달려 있거나 잠금장치를 추가로 장착할 수 있는 제품이면 더 좋아요.

기저귀 발진 크림 1개

크림에는 높은 함량의 산화아연이 들어 있어야 해요. 이러한 크림은 대체로 심하지 않은 염증을 치료하기에는 효과적이지만 심각한 발진에는 효과가 없을 수도 있어요. 기저귀 발진이 심각한 경우에 선택할 수 있는 것은 기저귀 발진 연고예요.

물티슈

생분해가 되고 향이 없으며 저자극성에 파라벤과 향료가 들어가지 않은 물티슈를 사용하세요.

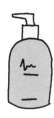

손 소독제

다른 성분이 거의 없으면서 에틸알코올 60% 또는 이소프로필알코올 70%가 들어 있는 제품으로 선택하세요.

· ·

꼭 맞는 제품으로 준비하세요!

Simplestbaby.com에 접속하여 가장 똑똑한 아기용품 및 필수품 추천 목록을 확인하세요.

기저귀 교환대

한데 모으기

이상적인 기저귀 교환대를 위해 필요한 물건들이에요. 만약 위층에 침실이 있는 이층집에 살고 있다면, 밤을 위해 위층에 하나를 두고 낮에 기저귀 갈 때를 대비해 아래층에 하나를 두는 것도 고려해보세요.

손 소독제

물티슈

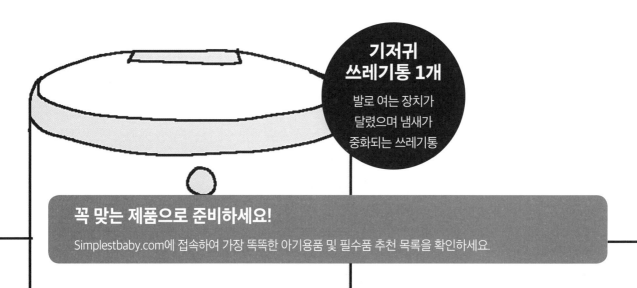

기저귀 쓰레기통 1개

발로 여는 장치가 달렸으며 냄새가 중화되는 쓰레기통

꼭 맞는 제품으로 준비하세요!

Simplestbaby.com에 접속하여 가장 똑똑한 아기용품 및 필수품 추천 목록을 확인하세요.

아빠의 꿀팁

큰 사이즈의 강아지 배변 패드를 기저귀 갈이용 패드의 커버로 사용하는 방법은 패드 밖으로 빗나간 소변이나 변, 토사물을 받아내기 좋은 아빠의 꿀팁이에요. 게다가 세탁도 줄여준답니다.

기저귀 갈이용 패드와 패드 커버

응급처치용품 및 개인 위생용품 상자 1개

기저귀 교환대는 손톱 깎기나 체온 측정, 약 먹이기와 같은 다른 기본적인 육아 과업을 처리하기에 완벽한 장소랍니다.

바셀린 신생아용 면봉 코튼볼 소독용 거즈 아기용 로션 1개

기저귀

포장을 제거한 상태로 가지런히 정리하여 바로 사용될 준비를 갖춘 다량의 낮 기저귀와 밤 기저귀

기저귀 발진 크림

콧물 흡입기

기저귀

알아두세요

우선 일회용 기저귀를 사용할지, 천 기저귀를 사용할지 결정해야 해요.

일회용 기저귀

일반적인 일회용 기저귀는 말할 나위 없이 더 편리하지만 다소 비싸고 환경 친화적이지 않아요. '친환경' 일회용 기저귀를 선택할 수도 있지만 그만큼 가격이 더 올라가지요. 생분해되는 일회용 기저귀는 없어요. 일회용 기저귀는 보통 두 가지 종류로 나와요.

1. 낮 기저귀

시트 두 장 사이에 흡수력 좋은 화학 성분이 든 패드가 끼워져 있는 부직포 소재의 기저귀예요. 패드는 소변과 대변의 수분을 흡수 및 보유하면서 아기를 젖지 않게 해줘요. 한번 더러워지면 쓰레기통에 버려야 해요.

2. 밤 기저귀

낮 기저귀와 유사하지만 아기를 최대 12시간까지 보송하게 유지해주도록 중심부가 더욱더 흡수력이 좋게 만들어졌어요. 밤 기저귀는 낮 시간용보다 가격이 조금 더 비싸답니다.

천 기저귀

천 기저귀는 환경 보호에 좋으며, 특히 직접 빨아서 쓰는 경우에는 일회용보다 경제적이에요. 직접 빨고 싶지 않다면 더러워진 기저귀를 가져가서 깨끗한 것으로 배달해주는 기저귀 서비스를 이용하면 돼요.

초기 비용은 비싸 보이지만 계속 재사용하다 보면 비용이 절약돼요. 일부 기업에서는 천으로 된 안감, 수분을 가둬두는 방수 커버, 수분을 흘려보내는 라이너와 같은 다양한 부속품이 들어 있는 천 기저귀 입문자용 세트도 판매한답니다.

천 기저귀의 종류

사각
전통적인 형태의 기저귀예요. 아기를 감싸서 고정시키는 크고 단순하며 평평한 정사각형 천이죠. 방수 기저귀 커버가 필요해요.

프리폴드
사각 천 기저귀와 비슷하지만 직사각형 모양이며, 가운데 부분에 흡수력 좋은 안감이 들어 있어요. 방수 기저귀 커버가 필요해요.

팬티형
흡수력 좋은 천으로 만들어졌으며 다리와 허리 쪽에 고무줄이 들어 있어요. 모래시계 형태라는 점에서 일회용 기저귀와 비슷하며, 따로 접을 필요가 없어요. 대체로 스냅 단추나 찍찍이로 잠그게 되어 있지요. 방수 기저귀 커버가 필요해요.

땅콩형
이 기저귀는 아기 몸에 잘 맞는 모양으로 돼 있어서 따로 접을 필요가 없어요. 잠금장치는 달려 있지 않아요.

주머니형
방수가 되는 겉감 안쪽에 주머니가 있는데, 그 안에 흡수력 좋은 안감을 넣어 사용해요. 기저귀 커버는 따로 필요하지 않아요. 스냅 단추나 찍찍이가 달려 있어요.

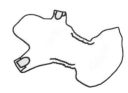
올인원
일회용 기저귀와 비슷하며 여러 가지 사이즈로 나와요. 기저귀 커버는 따로 필요하지 않아요. 안에 넣거나 겉에 부착하는 패드는 따로 없으며, 그저 변을 털어낸 뒤에 전체를 세척하면 돼요. 모든 것이 일체형이에요.

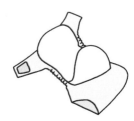
혼합형 / 올인투
천이나 일회용으로 된 안감을 겉감 안쪽에 부착해서 사용해요. 생분해성이나 일회용, 또는 세탁 가능한 안감과 함께 사용할 수 있어요. 이것도 역시 다양한 사이즈로 나온답니다.

기저귀 교체하기

모든 낮잠 전후에는 아기의 기저귀를 확인해야 해요. 기저귀 발진이 일어날 수 있으니 아기가 지저분한 기저귀를 너무 오래 차지 않게 하세요.

요즘 나오는 기저귀의 대부분은 교체할 때가 됐음을 알려주는 소변알림줄이 있어요. 변이 있는지 확인하려면 기저귀의 다리 넣는 구멍을 살짝 당겨서 열어보세요. 보통은 기저귀가 무거워지거나 소변알림줄의 색이 바뀌어서, 혹은 냄새를 통해서 기저귀를 교체해야 한다는 사실을 알게 되지요.

1

아기를 똑바로 눕히고 기저귀를 벗기는 데 방해가 되는 모든 옷을 벗기세요. 한 손으로 아기의 두 다리를 탁자 위로 들어 올리고 발목을 붙잡으세요. 아기가 교체 중에 사고를 낼 경우에 대비하여 더러워진 기저귀 밑에 깨끗한 기저귀를 깔아두세요.

2

양옆에 달린 테이프를 떼고 사용한 기저귀를 깨끗한 기저귀 위에 놓으세요. 물티슈로 아기를 깨끗이 닦고 사용한 물티슈를 사용한 기저귀 안에 두세요. 변을 깨끗이 닦아냈다면 사용한 기저귀를 벗겨서 옆에 놔두세요. 만약 기저귀에 소변만 묻었다면 바로 벗겨내도 돼요.

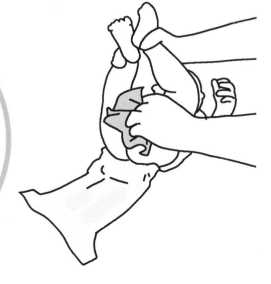

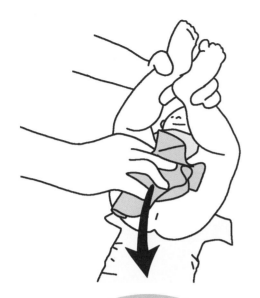

3

남자아이의 기저귀를 갈 때에는 사타구니 위에 물티슈를 두는 것이 좋아요. 안 그러면 오줌 세례를 맞을 수 있어요. 여자아이의 생식기에서 대변이나 소변을 닦아낼 때에는 요로감염을 방지하기 위해 앞에서 뒤로 닦아내야 해요. 남자아이라면 방향에 상관없이 닦아내세요.

4

아기의 엉덩이가 붉어졌거나 부어 있다면 기저귀 발진 연고를 발라 진정시키세요. 기저귀의 앞부분을 아기 다리 사이로 끌어 올린 다음, 양옆의 테이프를 붙여 기저귀를 고정하세요. 만약 기저귀와 아기 몸 사이에 손가락 두 개가 잘 안 들어간다면 너무 꽉 조인 거예요.

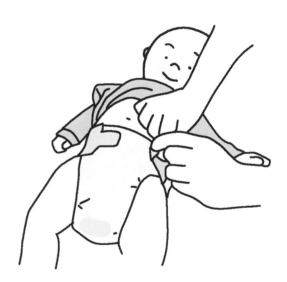

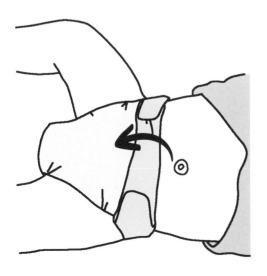

탯줄 관리

신생아의 경우에는 기저귀가 탯줄 밑동 부분을 자극하거나 완전히 마르는 데 방해될 수 있으므로, 탯줄을 덮지 않도록 기저귀 맨 윗부분을 접는 것이 좋아요.

포경 수술을 한 생식기라면

수술 부위에 변이 남아 있지 않도록 부드럽게 닦아내세요. 해당 부위를 깨끗하게 유지하는 것이 중요해요. 처음 며칠 동안은 기저귀를 교체할 때마다 바셀린이나 항생 연고를 발라주세요.

똥은 내가 잘 알지

알아두세요

아기의 변을 잘 알아야 한다는 생각은 미처 해보지 못했을 거예요. 그렇지만 실제로는 아기의 기저귀 안에 있는 내용물을 통해 아기에 관한 많은 사실을 알게 된답니다.

변의 빈도와 색, 농도는 아이의 상태와 아이가 먹는 음식에 따라 달라져요. 하루에 변을 몇 번이나 보는 아이도 있고 하루걸러 한 번씩 보는 아이도 있지요.

일반적인 변의 색은 노란색, 갈색도 있고 심지어는 초록색도 있어요. 아기의 배변 활동에 대해 걱정되는 부분이 있다면 의사와 상의하세요. 또한 아기가 열이 나면서 설사를 한다면 곧바로 의사에게 데려가세요.

첫 번째 변

아기의 첫 변은 악취가 나지 않으며 타르와 같은 검은색일 거예요. 태변이라고 불리며, 양수, 점액, 세포 외에도 아기가 자궁 안에 있을 때 섭취한 여러 성분들로 이뤄져 있어요. 이는 일반적으로 생후 2~3일 동안만 지속돼요. 대부분 첫 태변은 생후 24시간 내에 나와요.

모유 수유를 하는 아기의 변

생후 3~5일쯤 아기의 변은 반죽 같은 점도의 겨자 같은 노란색으로 바뀌어요. 아기가 고형식을 먹게 될 때까지는 변이 약간 묽어요.

분유 수유를 하는 아기의 변

분유를 먹는 아기의 평범한 변은 일반적으로 약간 노란색·갈색(황갈색) 빛을 띠어요. 분유를 먹는 아기의 변은 모유를 먹는 아기의 변보다 냄새가 강해요.

묽은 변

아기의 설사는 점도가 매우 묽으며 초록색, 노란색, 또는 갈색일 수 있어요. 점액이 있는 묽은 변은 감염, 또는 음식에 대한 알레르기나 민감성을 보여줘요.

토끼 똥처럼 단단한 변

만약 아기가 마치 성인의 변처럼 크기가 크고 토끼 똥처럼 덩어리져 나오는 딱딱한 변을 본다면 변비에 걸렸을지도 몰라요. 이는 아기가 먹는 음식이 너무 많거나 소화시키기 힘들 때, 혹은 탈수 증세를 일으킬 때 나타나요.

붉은색 변

변에 피가 섞여 나왔을 수 있어요. 변에 섞여 나온 피는 유즙 단백질 알레르기의 징후일 수도 있지만, 만약 설사에 붉은 피가 섞여 나온다면 아기가 세균에 감염됐다는 뜻일지도 몰라요. 의사에게 문의하세요.

검은색 변

검은색은 위장관에 출혈이 있다는 신호예요. 병원에 가야 해요.

흰색 변

점토 같은 흰색의 변은 간담도계에 문제가 생겼다는 뜻이니 의사와 상의해야 해요.

유아의 변

고형식을 먹이기 시작하면 아기가 먹는 음식에 따라 변의 색이 달라지는 것을 확인하게 될 거예요. 소화되지 않은 콩이나 당근 등의 조각이 보이더라도 놀라지 마세요.

기저귀 발진

피할 수 없어요. 언젠가는 아기가 기저귀 발진을 겪게 될 것이고 이는 여러 번이 될 가능성이 높아요.

간단한 팁

천 기저귀를 사용할 경우, 세제를 권장량만큼만 사용하고 세제의 성분을 없애기 위해 여러 번 헹궈내세요. 섬유유연제와 건조기시트도 피부를 자극할 수 있으니 사용하지 마세요.

기저귀 발진이란?

기저귀 발진은 아기의 엉덩이와 허벅지, 생식기에 붉은 반점으로 나타나는 흔한 피부염이에요. 심각한 경우에는 피부의 손상이나 작은 물집으로 발전할 수 있으며 아기에게 열이 날 수도 있어요.

원인

- 젖거나 더러워진 기저귀를 너무 오래 착용한 경우
- 변이 묻은 기저귀를 차고 잔 경우
- 기저귀로 인한 피부 마찰
- 진균에 감염된 경우
- 설사
- 항생제를 복용한 경우

- 세균에 감염된 경우
- 기저귀나 젖은 기저귀에 알레르기 반응이 일어난 경우
- 아기 식단에 새로운 음식이나 고형식을 처음 시도하면 변의 농도가 바뀔 수 있음
- 기저귀를 너무 조이게 착용한 경우

치료를 위한 팁

- 발진이나 붉은 기가 처음 보일 때 관리하세요.
- 기저귀를 자주 확인하고 교체하세요. 기저귀가 더러워지면 바로 교체하세요.
- 피부가 정말 많이 민감해질 테니 아기의 피부에서 변을 닦아낼 때 순한 클렌저나 부드러운 물티슈를 사용하세요.

- 최대한 문지르지 마세요. 그 대신 해당 부분을 가볍게 두드려 닦고 말리세요.

- 향료와 알코올 성분이 없는 물티슈를 사용하거나 깨끗하고 부드러운 수건을 사용하세요.

- 새로운 기저귀를 입히기 전에 해당 부분을 완전히 말리세요.

- 기저귀를 교체할 때마다 산화아연이나 바셀린 성분이 함유된 기저귀 발진 크림이나 연고를 바르면 피부를 진정시키고 습기로부터 보호하는 데 도움이 돼요.

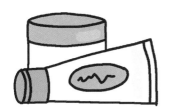

악화된 경우를 치료하기 위한 팁

- 해당 부분을 씻길 때 염증이 생긴 피부를 문지르지 말고 물뿌리개를 사용하세요.

- 기저귀를 다시 채우기 전에 공기 중에 충분히 말리세요. 이는 염증이 빠르게 치유되는 데 도움이 돼요. 지저분한 사고를 피하려면 아기가 누워 있는 곳에 덮개를 까는 것이 좋아요.

병원에 가야 할 때

- 관리를 했는데도 불구하고 며칠이 지나도 발진이 사라지지 않고 더 심해져요.

- 아기가 열이 나거나 기운이 없어요.

- 염증 부위에서 노란 고름이나 분비물이 나와요.

- 붉은 발진과 함께 하얀 껍질과 상처가 보이거나, 기저귀를 차는 부위 바깥쪽에 작고 붉은 뾰루지가 생기거나, 혹은 아기의 피부가 접히는 부분이 붉어진 게 보여요.

제공된 정보는 전문적인 의료 조언, 진단, 치료의 대안이 아니에요.
당신과 아이에게 적합한 치료인지 확인하려면 항상 주치의나 전문 의료인과 상담하세요.

첨벙 텀벙,
목욕할
시간이야.

목욕

아기의 목욕은 당신과 아기 모두에게 즐거운 시간임은 물론이고
아기의 발달에서 중요한 단계예요. 이 장에서는 언제, 어디에서, 어떻게
아기를 목욕시켜야 하는지에 대해 알아야 할 모든 것을 이야기할 거예요.

목욕

단계

	신생아
설명	생후 2~3주부터 1개월까지의 기간에는 아기를 오로지 스펀지로만 닦아줄 거예요.
방법	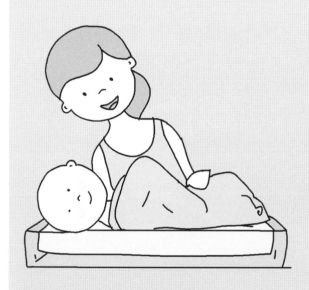 **스펀지 목욕**

경고

아기를 절대 욕조 안에 혼자 두지 마세요. 아기는 약 2.5cm 깊이의 물에도 생명을 잃을 수 있어요.

1개월	6개월 이상

아기의 탯줄이 완전히 말라붙어서 떨어지고 상처가 아물고 나면 신생아 욕조를 사용해 목욕할 수 있어요.

이 시기쯤 되면 아기는 힘이 생겨요. 아기가 혼자 앉아 있을 정도로 힘이 생기면 욕조에서 목욕을 시작해도 돼요.

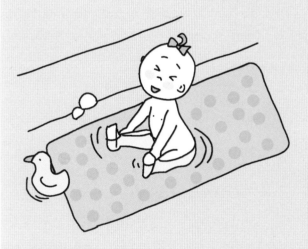

신생아 욕조 목욕

욕조 목욕

꼭 필요한 물품

신생아 목욕

수건 3장
일반적인 수건도 괜찮지만 신생아에게는 더 부드럽고 작고 얇은 아기 수건이 좋아요.

아기 샴푸 1개와 클렌징젤 1개
안전하면서도 클렌징 효과가 좋은 비누를 선택하세요. 눈을 자극하지 않으며, 저자극성에 파라벤과 프탈레이트, 페녹시에탄올, 향료가 들어가지 않은 천연 성분의 제품이어야 해요.

플라스틱 컵 1개
목욕 중에 아기 몸에 물을 끼얹을 때 사용할 플라스틱 컵이 필요해요. 일반적인 플라스틱 컵을 사용해도 되지만 물줄기가 부드럽게 흘러나오도록 측면에 작은 구멍을 여러 개 뚫어놓은 전용 제품을 구입하면 좋아요.

그릇이나 대야 1개
중간 크기의 그릇이라면 아무거나 사용해도 좋아요. 스펀지 목욕을 하는 동안 따뜻한 물을 담아주는 용도로 사용돼요.

목욕용 수건 2장
물이 많이 튈 것을 감안하여 수건 여러 장을 가까이에 두세요. 신생아의 경우, 모자가 달린 수건이 더 좋아요. 아기는 젖으면 특히 머리를 통해 빠르게 열을 잃게 되므로, 목욕 후에는 아기를 단단히 감싸주세요.

면봉 / 소독용 거즈

탯줄을 관리하기 위한 깨끗한 면봉이나 소독용 거즈.

바셀린 1개

이 젤과 같은 크림은 왁스로 된 석유로 만들어졌어요. 경미한 찰과상과 화상을 보호하고 피부를 부드럽게 하며, 마찰을 최소화하고, 건조하고 갈라진 피부에 수분을 공급하는 용도로 사용돼요.

신생아 욕조 1개

아기가 욕조 안에 스스로 앉을 수 있을 때까지 아기를 씻기기 위한 별도의 작은 욕조.

욕조 수도꼭지 안전 커버

아기가 갑작스레 수도꼭지에 부딪쳐서 다치는 상황을 방지하고자 욕조 수도꼭지에 씌우는 고무나 천으로 된 커버.

아기 목욕 의자

욕조에서 목욕하는 동안 아기를 지탱해주는 장치.

꼭 맞는 제품으로 준비하세요!

Simplestbaby.com에 접속하여 가장 똑똑한 아기용품 및 필수품 추천 목록을 확인하세요.

신생아 스펀지 목욕

신생아

아기의 첫 목욕은 초보 부모라면 누구나 쩔쩔맬 만한 일이지요. 신생아는 무척 연약하고 예민해 보여서 아기를 다치게 할까봐 겁이 날 거예요. 걱정 마세요. 우리가 당신에게 필요한 물품과 모든 단계를 정리해뒀답니다.

아기의 첫 목욕

아기의 첫 목욕은 스펀지 목욕이 될 거예요. 욕실이나 주방 조리대, 기저귀 교환대, 침대와 같은 평평한 바닥이 있는 따뜻한 공간을 고르세요. 표면에 두꺼운 수건을 덮으세요. 아기는 쉽게 추위를 느끼므로 실내 온도가 적어도 약 24℃ 이상 되게 하세요.

신생아는 일주일에 스펀지 목욕을 1~3회 정도 하면 충분해요. 탯줄이 떨어질 때까지는 아기를 물에 완전히 담그면 안 된다는 사실을 명심하세요. 만약 포경 수술을 받은 남자아이라면, 생식기가 아물 때까지 스펀지 목욕을 지속해야 해요.

주의사항

물 온도는

35℃에서 최고 38℃ 사이

여야 해요.

필요한 물품

- 평평한 바닥이나 경사진 기저귀 교환대
- 목욕용 수건 2장
- 수건 1장
- 플라스틱 대야 1개
- 따뜻한 물
- 깨끗한 기저귀
- 아기 옷
- 신생아용 비누 / 샴푸
- 플라스틱 컵 1개

1단계

평평한 바닥이나 기저귀 교환대 위에 수건 두 장을 펼치세요. 그 위에 아기를 똑바로 눕혀놓고 아기의 옷을 벗기세요. 기저귀는 벗기지 말고 두세요(그 부위는 마지막에 씻기세요). 다른 수건으로 아기를 감싸주세요.

2단계

따뜻한 물이 담긴 대야와 소량의 비누가 준비되면 수건을 적셔서 한 번에 한 곳씩 닦아주세요. 아기의 눈, 코, 귀, 턱 주변을 포함한 얼굴부터 시작하세요. 그런 다음 수건을 다시 적셔서 목과 팔, 다리, 손가락과 발가락 사이까지 닦아주세요. 팔 아래, 귀 뒷부분, 목 주변 등 모든 접힌 부분을 깨끗이 닦아줘야 해요. 씻는 부위만 수건 밖으로 노출되게 하세요.

3단계

이제 기저귀를 벗기고 아기의 배와 엉덩이, 생식기를 씻어낼 차례예요. 다 씻은 다음에는 온몸을 가볍게 두드리며 말려줘요. 탯줄이 젖지 않게 해야 해요.

4단계

아기가 감기에 걸리지 않도록 머리카락은 목욕이 끝나갈 때쯤 감겨주세요. 아기 샴푸를 소량 사용해도 좋아요. 따뜻한 물이 담긴 대야 위에 아기 머리를 손으로 받쳐 드세요. 컵을 사용해 머리카락이 난 부분에 물을 부어 헹궈내세요. 그다음에는 아기를 평평한 바닥에 눕혀놓고 머리를 말려주세요.

5단계

여자아이의 생식기를 닦을 때에는 언제나 앞에서 뒤쪽으로 닦아야 해요. 만약 남자아이가 포경 수술을 받지 않았다면 생식기의 포피 부분을 가만히 놔두세요. 포경 수술을 받았다면 생식기 끝부분이 다 아물 때까지 씻어내지 마세요. 아기를 가볍게 두드리며 말려주세요. 목욕이 끝나면 상쾌해진 아기가 깨끗한 기저귀와 옷을 기다리고 있을 거예요!

꼭 필요한 물품

신생아 욕조 목욕

더 많은 물품 추가하기

아기가 자라나면서 목욕 방식도 바뀌게 돼요. 아이에게 스펀지 목욕을 시킬 때 준비했던 물품도 사용하겠지만, 신생아 욕조나 일반 욕조에서 목욕하게 되면서 새로운 물품도 몇 가지 추가될 거예요.

1
개월

신생아 욕조 목욕

이제 아기의 탯줄이 말라붙어서 떨어졌다면, 또는 아이의 포경 수술 부위가 아물었다면, 신생아 욕조에서 목욕시킬 수 있어요.

신생아 욕조 1개

신생아가 몸을 살짝 세운 자세로 앉도록 비스듬하게 경사진 딱딱한 플라스틱 욕조예요. 아기를 고정시키기 위해 탈부착 가능한 메시나 천 소재의 목욕그네가 딸려 있어요. 물을 쉽게 비우기 위한 배수 플러그가 있으면 좋아요. 매끈한 모서리와 둥글게 튀어나온 가장자리 덕분에 욕조를 들어 올리기 쉽고 아기의 피부가 긁히는 것이 방지돼요. 목욕하는 동안 아기가 제자리에 있도록 바닥에 미끄럼 방지 처리가 돼 있으면 더 좋아요.

아기 보습 로션 1개

잠들기 전에 아기를 마사지할 때 필요한 저자극성에 무향인 아기 로션.

6 개월 이상 | 욕조 목욕

이제 아기가 당신의 도움 없이도 혼자 앉아 있을 만큼 근육에 충분한 힘이 생겼으니, 아기를 욕조에서 목욕시키기 시작하세요. 당신에게 필요하게 될 추가적인 물품이 몇 가지 있어요.

욕조 수도꼭지 안전 커버 1개

욕조 수도꼭지 안전 커버는 수도꼭지에 씌우는 두껍고 부드러운 커버예요. 목욕하는 동안 아이가 수도꼭지에 부딪쳐서 멍이 들거나 타박상을 입지 않도록 보호해줘요.

미끄럼 방지 매트 1개

욕조 안쪽에 까는 용도의 매트예요. 미끄럼에 강하고 BPA와 라텍스, 프탈레이트가 들어 있지 않은 제품을 구입하여 아기가 목욕 도중에 미끄러지지 않게 하세요.

밤 기저귀

아기가 밤에 오랫동안 깨지 않고 자기 시작하면 밤 기저귀가 무척 유용해요. 이는 낮 시간용보다 흡수력이 더 좋아서 아기가 점차 더 오래 자도 계속 보송하게 유지해줘요.

솔빗 1개 또는 빗 1개

머리가 걸리거나 엉키거나 잡아당겨지지 않는 미세모로 된 솔빗이나, 이 사이가 넓게 벌어진 플라스틱 빗을 찾아보세요.

아기 칫솔 1개와 아기 치약

가장 좋은 칫솔은 아이의 민감한 잇몸을 자극하지 않으면서 효과적으로 이를 닦을 수 있는 미세모로 된 제품이에요. 치약은 인공적인 방부제나 색깔, 향기가 없는 불소치약을 선택하세요.

목욕 장난감 몇 가지

당신과 아기가 목욕 시간을 즐길 수 있게 해줘요. 재미있으면서 교육적인 장난감도 있답니다.

꼭 맞는 제품으로 준비하세요!

Simplestbaby.com에 접속하여 가장 똑똑한 아기용품 및 필수품 추천 목록을 확인하세요.

신생아 욕조 목욕

1
개월

이제 아기의 탯줄이 말라붙어 떨어졌고 아들의 포경 수술 자리도 아물었으니, 신생아 욕조를 사용하거나 세면대, 일반 욕조에 목욕 의자를 설치해서 아기를 제대로 목욕시켜주세요.

신생아 욕조를 사용하는 목욕

1단계

욕조에 따뜻한 물을 약 5~7.5cm 깊이로 채우세요. 아기의 머리를 계속 잘 받친 상태에서 아기 욕조의 경사진 부분이나 메시로 된 목욕그네 위에 아기를 살살 내려놓으세요. 신생아를 위한 목욕물 온도는 약 35~38℃여야 해요.

2단계

목욕하는 동안 아기를 따뜻하게 해주려면 욕조의 따뜻한 물에 수건을 적셔서 아기의 가슴을 덮어주고 수건이 식기 전에 주기적으로 다시 적셔주세요.

3단계

다른 부드러운 수건을 사용하여 얼굴부터 부드럽게 닦아주세요. 계속해서 아기의 몸을 닦아주세요. 아기 비누와 샴푸를 소량 사용하여 각각의 용도에 맞게 씻기고, 씻긴 곳은 욕조에 담긴 따뜻한 물을 끼얹으며 헹궈주세요. 얼굴을 헹굴 때에는 같은 수건으로 비눗기를 완전히 제거하세요. 겨드랑이와 귀 뒷부분, 목 주변, 사타구니 등 노폐물이 쌓일 수 있는 접힌 부위에 더욱 주의를 기울이세요.

주의:

절대 아기를 혼자 욕조 안에 남겨두지 마세요.

아이는 깊이 2.5cm 이하의 물에서도 익사할 수 있어요!

4단계

아기가 감기에 걸리지 않도록 머리카락은 목욕이 끝나갈 때쯤 감겨주세요. 정수리 부위와 머리카락을 씻어낼 때에는 저자극성 샴푸를 사용하세요.

5단계

아기를 욕조에서 꺼내 평평하게 펼쳐놓은 수건 위에 올려놓으세요. 아기를 수건으로 감싸서 말려주세요. 깨끗한 기저귀를 채워주고 옷을 입혀주세요.

목욕 의자를 사용하는 목욕

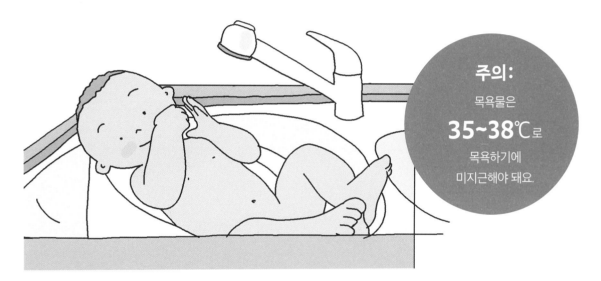

주의:

목욕물은

35~38℃로

목욕하기에

미지근해야 돼요.

1단계

목욕 의자는 아기의 몸을 받쳐주도록 인체공학적으로 설계된 장치이며 아기가 미끄러지는 사태를 방지하고자 완만한 형태로 되어 있어요. 목욕 의자를 세면대나 욕조에 설치한 다음, 아기를 의자 위에 단단히 눕히세요.

세면대나 욕조에 미리 아기의 다리가 살짝 덮일 정도로 적당한 깊이의 물을 채워두어도 좋고, 수도꼭지를 이용하여 아기에게 직접 따뜻한 물을 적셔주며 해도 좋아요. **물 온도에 각별히 주의하세요. 온도는 약 38℃(만졌을 때 미지근한 정도)보다 높으면 안 돼요.**

**그다음 신생아 욕조를 사용하는 목욕의
2, 3, 4, 5단계를 반복하세요.**

욕조 목욕

6
개월 이상

아기 욕조 사용을 언제 중단해야 하는지 정해진 규칙은 없지만, 보통은 생후 6개월쯤 되거나 혼자서도 잘 앉을 수 있게 되면 언제든 성인 욕조를 사용해도 좋답니다.

미리 준비하세요

목욕 중에 물건을 가지러 갈 필요가 없도록 목욕 전에 미리 필요한 모든 물품을 모아두세요.

물의 깊이와 온도를 제한하세요

욕실을 따뜻하게 하고 욕조에 물을 약 2.5~5cm 깊이로 채우세요. 아기가 성장하여 자신의 몸을 더 잘 통제할 수 있게 되면 물을 추가해도 좋아요. 아기를 물에 넣기 전과 목욕 도중에 계속 물 온도를 확인하세요. 물은 뜨겁지 않고 따뜻하게 느껴져야 해요.

목욕물은
35~38℃
여야 해요.

아기를 절대 혼자 남겨두지 마세요

아기는 고작 몇 분 안에도 익사할 수 있으며, 겨우 2~3cm 깊이의 물에서도 익사할 수 있어요.
만약 아기를 목욕시키던 도중에 급한 일이 생긴다면 아기를 수건으로 싸서 데리고 나가세요. 절대 아기를 수건에 감싼 채로 내려놓고 자리를 비우지 마세요. 담요나 수건처럼 헐렁한 물건은 질식의 위험이 있어요.

허리 보호하기

어떤 부모는 허리를 굽히는 모든 동작이 요통을 유발할 수 있으며 무릎에도 무리가 가기 때문에 욕조 목욕을 미루기도 해요. 그러한 경우라면 아기 키가 안 맞아질 때까지 최대한 세면대를 이용하세요.

욕조로 옮겨가는 두 가지 방법

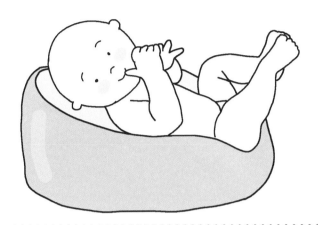

1. 목욕 의자 사용하기

인체공학적인 형태의 목욕 의자는 아기를 욕조 물로 씻기는 동안 아기가 욕조 안에 누워 있게 해줘요. 아기가 욕조라는 환경에 잘 적응하게 하는 좋은 방법이 될 거예요.

2. 욕조 안에 귀엽게 앉기

보통 생후 6개월 무렵, 아기가 도움 없이도 잘 앉을 정도로 힘이 생기면 처음으로 어린이처럼 목욕을 즐길 준비가 된 거랍니다.

목욕 의식을 만들 때 명심해야 할 몇 가지 사항이 있어요:

- 목욕을 시키는 동안 아기가 욕조 안에 계속 앉아 있는지 확인하세요.

- 물 온도를 약 35~38℃로 유지하세요.

- 미끄러져 넘어지는 사태를 방지하려면 욕조 안에 미끄럼 방지 매트를 깔아두세요.

- 아기가 타박상을 입지 않도록 수도꼭지 커버를 준비하세요.

- 헤어드라이어나 고데기 등의 전자기기를 욕조 근처에서 제거하세요.

- 약을 모두 치워두세요.

아빠의 꿀팁

무릎을 보호하세요

욕조 옆에 무릎을 꿇고 앉아 있으면 상당히 아플 거예요. 단순한 요령으로 수건이나 담요 두세 장을 몇 번 접어서 무릎을 위한 패드를 만드세요.

이런, 말도 안 돼

맞아요, 곧 일어날 일이에요. 언젠가는 귀여운 천사가 목욕 도중에 그것을 내보낼 테고, 한 번
으로 그치지 않을 수도 있어요. 이런 사태가 벌어졌을 때 해야 할 일을 알려드릴게요.

당황하지
마세요!
운 나쁜 일은 모두에게
일어나니까요.

응가 처리하기

자, 상상도 할 수 없는 일이 일어났어요.
아기가 방금 욕조 안에 변을 봤어요. 그럼 이렇게 하세요.

당황하지 마세요

아기의 몸이 편안해지면서 아기가 목욕 중에 변을 보는 일은 그리 드문 일이 아니에요. 만약 당신이 기겁하면 아기도 놀랄 테니 침착하게 아기를 안심시키세요. 아기가 목욕 시간을 부정적으로 떠올리게 되어 결국 목욕을 거부하게 되는 결과는 당신도 바라지 않을 테니까요.

뒷정리를 하세요

먼저 아기를 욕조 밖으로 꺼내세요. 비닐봉지를 들고 변을 제거한 다음, 욕조를 비우세요. 표백제나 식초로 욕조 안을 소독해도 좋아요. 욕조를 청소한 후에는 깨끗이 헹궈내세요. 욕조 안에 있었던 장난감들도 모아서 깨끗이 닦으세요. 만약 식기세척기에 넣어도 안전한 제품일 경우, 식기세척기로 장난감을 세척하고 살균하면 더 좋아요.

아기를 다시 씻기세요

상황이 얼마나 엉망이었는지에 따라 아기를 다시 한번 목욕시키거나 아니면 빠르게 스펀지로 닦아내세요.

식사 시간을 조정하세요

목욕 중에 변을 보는 일이 주기적으로 일어난다면 아기의 식사 시간을 20~30분 정도 앞으로 당겨서 조정해보세요.

미리 대비하세요

꼭 필요한 청소 도구를 가까운 곳에 비치하고, 변을 건져내는 데 사용할 만한 물건을 준비해두는 것도 고려해보세요.

놀이는 삶의 리허설이다.

놀이와 학습

놀이는 아기의 건강한 성장과 발달에서 가장 중요한 부분이에요.
놀이는 아기의 운동 신경과 감각, 의사소통 능력, 사회 정서적 능력을
키워줘요. 놀이는 아기가 자신을 둘러싼 세상에 대해
학습하는 중요한 방법이랍니다.

발달

이정표

아기가 자라면서 미소, 손 뻗어서 잡기, 앉기, 배밀이와 같은 흥미로운 사건들을 만나게 될 거예요. 이러한 사건이 일어나는 시기에는 보편적인 지표가 있어요. 모든 아기는 제각기 달라요. 다른 아기보다 특정 단계에 늦게 도달하더라도 아무 문제 없는 아이들도 있지요. 하지만 당신의 아기가 단계를 놓쳐버린다면 반드시 의사와 상의해보세요.

명심하세요

모든 아기는 각자의 속도에 따라 발달하므로 한 아이가 특정한 능력을 언제 학습하게 될지 정확하게 알기란 불가능해요. 발달 이정표는 그저 언제쯤 변화를 경험하길 기대하면 좋을지에 대한 보편적인 지침을 제공할 뿐이에요.

부모인 당신이 아이를 가장 잘 알아요. 만약 아이가 나이에 맞는 단계를 충족하지 못한다면, 혹은 아이의 발달에 문제가 있다는 생각이 든다면 아이의 주치의와 상담하며 우려되는 부분을 이야기해보세요.

중요한 발달 단계

최초의 미소 아기는 일찍부터 종종 미소를 짓지만 이때의 미소는 잠과 소변, 방귀 등으로 인한 신체적 만족감의 결과랍니다. 아기의 첫 사회적 미소는 생후 6~12주쯤 기대할 수 있어요.

움켜쥐기와 손 뻗기 3~5개월쯤 되면 좋아하는 장난감 등의 사물을 향해 손을 뻗고 움켜쥐기 시작해요.

뒤집기 아기가 목, 허리, 복근에 힘이 생기기 시작하면 뒤집기를 시작할 거예요. 생후 4~6개월쯤에 볼 수 있는 모습이지요. 터미 타임 훈련은 뒤집기에 꼭 필요한 근육을 발달시키는 데 도움이 돼요.

앉기 생후 7~9개월쯤엔 도움 없이 스스로 앉을 수 있는 능력이 생겨요.

배밀이 생후 6~10개월쯤 되면 기어가는 법을 학습해요. 돌진, 게 자세, 포복 자세, 뒤로 돌진 등의 일반적인 배밀이의 변형 자세로 시작하기도 한답니다.

첫 음절 아기의 첫 번째 음절: 마, 아 등의 소리.

걸음마 생후 9~15개월 무렵에 첫 걸음마를 시작해요. 걸음마가 시작되기 전에 일어서려고 몸을 세우고, 가구를 붙잡고 걷다가 스스로 일어서서 몇 걸음을 떼는 모습을 보게 될 거예요.

꼭 필요한 물품

놀이와 학습

바닥 매트 / 놀이용 매트

아기가 배밀이와 걸음마를 시작하면 넘어지는 일도 생길 거예요. 폼매트는 이러한 넘어짐의 충격을 완화시켜줘요. 또한 터미 타임 동안 생길 수 있는 토사물을 청소할 때에도 도움이 돼요.

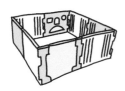

아기 울타리

아기가 돌아다니기 시작하면 처음에는 아기를 가둬두고 싶을 거예요. 특히 당신이 잠깐 동안 자리를 비워야 할 때면 더더욱 그렇지요. 아기 울타리는 그 안에서 아기나 어린아이가 안전하게 놀 수 있게 해주는 작고 휴대하기 쉬운 울타리예요.

아기 체육관

아기의 발달과 호기심을 장려하는 다양한 감각 활동을 제공할 뿐 아니라, 터미 타임을 하면서 목과 코어 근육을 강화할 수 있는 최적의 장소이기도 해요.

아기 장난감

재미있고 나이에 적합하며 안전한 장난감을 찾아보세요. 색이 칠해진 장난감이라면 반드시 납이 들어가지 않은 페인트를 사용한 제품이어야 해요. 목에 걸릴 위험이 있는 작은 부품이 들어간 장난감은 피하세요. 부드러운 플라스틱 장난감에는 프탈레이트가 없어야 해요.

동물 인형

봉제인형 종류는 세탁기 사용이 가능해야 하며, 소재 라벨에 방염이나 난연 표시가 있는 제품이어야 해요.

아기 책

아기 책은 아이가 독서에 친숙해지도록 도와주며, 소리 듣기와 초점 맞추기에 익숙해지게 해줘요. 일찍부터 독서의 즐거움과 재미를 심어줄 수 있답니다. 아기에게 큰 소리로 책을 읽어주면 아기의 언어 능력과 인지적 사고력을 자극하며, 기억력도 향상시켜줄 수 있어요.

아기 보행기

연습할수록 완벽해진다는 말이 있지요. 아기 보행기는 그 말에 딱 맞는 물품이에요. 아기가 일어서서 손잡이를 잡고 지탱하면서 보행기를 밀고 걸어 다니는 모습을 보게 될 거예요.

꼭 맞는 제품으로 준비하세요!

Simplestbaby.com에 접속하여 가장 똑똑한 아기용품 및 필수품 추천 목록을 확인하세요.

아기 운동

아기 운동은 아기의 목과 팔, 다리, 허리, 코어 근육을 강화시켜요. 또한 손과 눈의 협응 발달에 도움이 되는데, 이는 아기가 목을 가누고 몸을 뒤집으며 기거나 걷는 등의 발달 단계에 도달하도록 도와줘요.

터미 타임

터미 타임이란?

신생아의 목과 허리, 어깨 근육을 강화하고 운동 기능을 증진하는 데 도움을 주기 위해 깨어 있는 아기를 엎드린 자세로 내려놓아요. **이 운동은 반드시 아기를 곁에서 보고 있을 때에만 시켜야 해요.**

왜 하나요?

- 뒤집기, 똑바로 앉기, 배밀이와 같은 발달 단계를 성취하도록 도와줘요
- 총체적 운동 기능을 향상시켜요
- 더 많은 근육을 개입시켜요
- 납작한 두상을 개선하는 데 도움이 돼요
- 아기가 목을 더 잘 가눌 수 있게 도와줘요
- 근력을 강화해서 SIDS의 위험을 줄이는 데 도움이 돼요

언제 해야 하나요?

터미 타임은 건강한 아기로 태어났다면 일찍 시작해도 돼요.

얼마나 해야 하나요?

신생아 하루에 두세 번, 한 번에 몇 분 이내로 시작할 것

2개월 한 번에 10~15분씩 하루에 총 1시간 이내로

3개월 한 번에 10~15분씩 하루에 총 90분 이내로

아빠의 꿀팁

수유 직후에는 터미 타임을 하지 않도록 주의하세요. 그러지 않으면 방금 먹인 모유나 분유를 토사물로 다시 보게 될 거예요. 만약 아기에게 수유를 하더라도 조금만 먹이고 터미 타임이 끝난 이후에 나머지를 먹이세요.

터미 타임 방법
가장 좋은 터미 타임 기술 3가지
터미 타임을 하는 동안 절대 아기를 혼자 남겨두지 마세요.

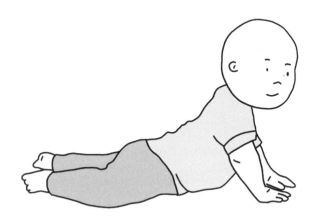

방법 1
전통적인 터미 타임

평평하고 깨끗한 수건이나 아기 매트 위에 아기를 엎드린 자세로 내려놓으세요. 아기 주변에 아기가 좋아하는 장난감 몇 가지를 늘어놓거나 색상이 선명한 장난감으로 아기의 시선을 사로잡으세요. 신생아라면 아기의 코가 가려지지 않도록 하여 아기가 엎드려 있는 동안 쉽게 숨 쉴 수 있는지 확인하세요.

방법 2
베개를 이용한 터미 타임

베개를 살짝 구부려서 U자 모양으로 만드세요. 오목한 부분에 아기를 놓고 아기의 팔과 어깨가 베개에 받쳐지게 하세요. 아기의 시선을 끌도록 베개 앞에 장난감을 놓아두세요. 돌돌 만 수건이나 U자 모양으로 구부려서 사용해도 좋아요.

방법 3
배를 맞댄 터미 타임

상체를 뒤로 젖히고 앉아서 뒤로 기댄 자세를 취한 다음, 아기를 당신의 가슴과 배 위에 올려놓으세요. 이 자세로 있는 동안 손으로 아기를 제자리에 고정하세요. 어린 신생아가 힘이 생길 때까지는 더 쉬운 방법일 거예요.

아기 운동

아기 운동은 신생아 발달의 중요한 부분이에요. 신생아 운동은 아기의 목을 강화하고 손과 눈의 협응을 발달시키는 데 도움이 되며, 궁극적으로 아기가 걸음마를 배우는 데 도움이 돼요. 또한 근육과 관절, 뼈를 튼튼하게 해주며 협응 능력과 균형 감각, 유연성을 향상시켜줘요.

아빠의 꿀팁

흑백 그림을 출력해서
아기 체육관 구조물 꼭대기 안쪽 면에
달아주면 아기의 시선을 끌 수 있어요.
아기는 약 5개월이 될 때까지
색깔을 보지 못하지만
대비를 좋아한답니다.

아기 체육관 / 터미 타임

이 재미있는 색색깔의 구조물은 아기가 손발을 뻗고 사물을 움켜쥐도록 장려하고자 만들어졌어요. 또한 손과 눈의 협응 기능을 발달시키는 데 도움이 되며 터미 타임 운동에도 사용될 수 있어요.

아기 윗몸 일으키기

아기가 몸을 일으켜 앉는 자세를 취하도록 해주는 것은 코어와 팔, 목, 등 근육을 강화하는 또 다른 좋은 방법이랍니다.

아기를 평평한 바닥에 똑바로 눕힌 다음 아기의 팔꿈치와 팔 아랫부분을 꽉 잡으세요.

아기를 당신 쪽으로 천천히 일으켜 세워서 앉게 만드세요. 그 자세를 5~10초 동안 유지하게 하세요.

그런 다음, 천천히 아기를 바닥으로 내리다가 거의 닿았을 때쯤 멈춰서 아기가 근육을 사용하려고 노력하게 하세요.

이 운동을 한 번에 3~5분씩, 하루에 두세 번 시켜주세요.

주의:

이 운동을 시도하기 전에 이미 아기가 목을 가눌 수 있어야 해요.

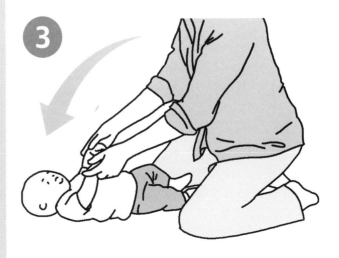

사회화

만나서 반가워, 아가야

대부분의 초보 부모가 아이를 사회화시키고 싶어 하는 마음의 원동력은 밖에 나가서 다른 어른을 만나고 싶은 스스로의 욕구일 거예요. 수업이든 놀이 약속이든 보육 시설이든, 모든 형태의 사회활동이 아기의 발달에 중요한 역할을 해요. 아기는 사회활동을 통해 사회성과 자신감을 키우게 되지요. 아기와 함께 외출에 도전할 준비가 되었다면 아래의 유용한 조언들을 참고하세요.

가족 구성원

아기는 태어나자마자 피부를 맞대는 접촉과 모유 수유, 가족을 비롯한 양육자들에게 안기는 경험과 함께 사회화를 시작해요. 이러한 경험은 모두 아기가 사회적 신호를 학습하고 자신을 둘러싼 세계를 발견하는 방법이 된답니다.

놀이 그룹

아기가 아직 신생아라면 놀이 그룹은 서로 비슷한 경험을 하고 있는 부모들과 친해지면서 서로 도움이 되는 관계망을 형성할 기회가 되어줘요.

신생아는 대체로 다른 신생아와 어울려 놀지 않아요. 각자 따로 노는 혼자 놀이에 몰두하지요. 하지만 다른 아기와 함께 있는 환경은 정말 좋아한답니다. 무엇보다 중요한 사실은 이러한 놀이 그룹을 통해 아기가 새로운 환경을 발견하고 다양한 장난감을 가지고 놀 기회가 생긴다는 점이에요.

아기에게 다양한 사회적 기회를 제공하는 것은 아기의 사회성을 키우는 가장 좋은 방법이에요. 아이와 밖에 나가서 놀아주세요.

코로나19 주의사항:
전통적인 놀이 그룹은 코로나19와 같은 전염병 상황에 영향을 받을 테니 당신과 아기에게 무엇이 안전한지에 관해 의사와 상의해야 해요. 전문가의 말을 들어보고 위험 요소를 따져본 다음, 편안한 방향으로 결정하세요.

사회화 아이디어

• 부모나 아기의 놀이 그룹에 들어가세요.

• '엄마 또는 아빠와 나' 수업에 참여하세요.

• 놀이 약속을 잡으세요.

• 매주 시간을 정해 공원에서 만나세요.

• 아기 운동 수업에 참여하세요.

• 어린이 박물관, 동물원, 수족관의 회원이 되세요.

• 부모와 아기가 함께 하는 운동 모임이나 아기 요가 수업을 알아보세요.

• 아기 음악 수업을 등록하세요.

슈퍼 아가

유아에게 자신감 길러주기

우리는 모두 아이가 건강하고 행복하고 자신감 넘치길 바라지요. 무언가와 맞닥뜨린 작은 아기가 소스라치게 놀라거나 원하는 것을 얻지 못해 세상이 끝날 듯이 소리 지르기 시작하는 모습을 수없이 봐왔어요. 너무 소심한 나머지 필사적으로 부모의 다리를 꽉 붙들고 있는 모습은 말할 것도 없고요.

일찍 시작하세요

아기가 아직 어리더라도 자신감의 기본 요소는 마련해줘야 해요. 그것이 아기를 꼬마 슈퍼히어로가 되는 길로 접어들게 만드는 초기 단계랍니다.

· ·

슈퍼히어로는 훈련 중
자신감 향상을 위한 팁

호기심을 장려해주세요

아기의 자신감은 종종 탐험 의지로 표현돼요. 아이의 탐험을 흔쾌히 내버려둘 뿐 아니라 그렇게 하도록 격려해줘야 해요. 탐험을 향해 대담한 첫걸음을 내딛는 아기는 당신이 자신을 안심시켜주길 기대할 테니까요.

과도한 반응을 보이지 마세요

우리는 모두 아기가 넘어지거나 머리, 무릎 등을 부딪치자마자 개입하는 경향이 있어요. 하지만 작은 타박상에 과도한 반응을 보이거나 호들갑을 떨면서 아기를 무작정 안아 드는 것은 아기를 도와주는 게 아니에요.

물론 더욱 심각한 사고를 방지하려면 아기에게 주의를 기울여야 하지요. 하지만 저는 작은 일들에 대해 이야기하는 거예요. 아기는 부모의 모습을 본받기 때문에, 상황에 적절한 반응을 보이는 것도 반응을 해주는 것만큼 중요하답니다.

같이 놀아주세요

곁에서 같이 놀아주는 단순한 행동이 안정감과 자존감을 심어줘요. 아기에게는 자신감과 안전함을 느끼는 것이 꼭 필요해요.

아기에게 반응해주세요

무엇보다도 아기의 의사소통에 반응해주는 것이 가장 중요해요. 아기에게 말을 걸고 아기의 이야기를 들어주고 눈 맞춤을 해주면 아기에게 필요한 안도감을 주게 된답니다.

사랑을 아낌없이 주세요

아기에게 끊임없이 애정을 표현하는 것은 당신이 할 수 있는 가장 강력한 일이에요. 포옹과 미소, 입맞춤은 아기가 사랑받고 존중받는다는 느낌을 주기 때문에 아무리 많이 해도 지나치지 않아요.

일과를 정하세요

아기는 규칙적인 생활을 통해 무엇을 기대해야 할지 이해하게 되면서 더욱 자신감을 얻는 경향이 있으므로, 수면 시간, 식사 시간 등의 활동에 일과를 정하면 도움이 돼요.

아이가 하도록 놔두세요

이야기책 속에 숨겨진 물건을 찾아내거나 블록을 크기가 맞는 구멍에 넣는 일 등의 문제를 스스로 해결하게 놔둠으로써 아기가 훌륭한 문제 해결사가 되도록 도와주세요. 당신이 보여줄 수도 있지만 아이가 스스로 해보게 놔둬야 해요.

아기를 돌보는 일은
인생에서
가장 중요한 일 중
하나랍니다.

아기 돌보기

돌봐줘야 할 귀여운 아기가 있으면 알아둘 것이 많아요.
걱정 마세요. 당신이 알아야 할 기본적인
육아 문제 몇 가지와 해결책을 알려드릴게요.

꼭 필요한 물품

기본적인 아기 돌봄 의무 처리하기

손톱깎이나 가위 1개

아기 전용으로 제작된 제품이 있어요. 끝부분이 둥글고 뭉툭한 손톱 가위나, 아기의 손가락이나 발가락 끝이 베이지 않도록 설계된 유아용 손톱깎이를 사용하세요.

빗 1개와 솔빗 1개

미세모로 된 유아용 솔빗이나 유아용 빗을 사용하세요. 엉킴 방지용 솔빗이 가장 좋아요.

칫솔 1개

매우 부드러운 미세모로 이뤄져 있으며 BPA와 프탈레이트가 없는 소재의 칫솔을 찾아보세요. 전통적인 유아용 칫솔이나 손가락 칫솔을 사용해도 좋아요.

치약

미국소아치과학회는 아기의 첫 젖니가 날 때부터 충치를 예방하는 불소치약을 사용하길 권장해요.

손톱 줄

아기 전용으로 만들어진 손톱 다듬는 줄도 있지만 당신의 것을 사용해도 괜찮아요.

코튼볼 1세트

작은 코튼볼은 아기를 닦아주는 데 사용돼요.

소독용 알코올 1병

이소프로필알코올이 70% 함유된 용액으로 선택하세요. 이는 주로 국소부위를 소독할 때 쓰여요.

꼭 맞는 제품으로 준비하세요!

Simplestbaby.com에 접속하여 가장 똑똑한 아기용품 및 필수품 추천 목록을 확인하세요.

탯줄 관리

탯줄은 임신 기간 동안 아기에게 영양과 산소를 제공해주는 원천이에요. 탯줄을 자르고 나면 남는 부분은 약 4cm 길이의 자줏빛을 띤 푸른 밑동뿐이에요. 이러한 밑동이 말라서 떨어지기까지는 1~3주가 걸려요. 그 기간 동안 염증과 감염을 예방하기 위한 관심과 관리가 필요해요.

탯줄 관리를 위한 팁

건조한 상태를 유지하세요

아기의 생후 첫 몇 주 동안에는 탯줄을 씻거나 물에 적시지 마세요. 최대한 공기 중에 많이 노출하며 건조시키세요. 기저귀 윗부분이 밑동을 가리지 않게 접어 내린 상태를 유지하세요.

스펀지 목욕

생후 2~3주 동안에는 탯줄을 마른 상태로 유지하기 위해 아기를 아기 욕조에서 목욕시키는 대신 스펀지 목욕을 시키세요. 탯줄 밑동을 닦아야 한다면 일반 면봉 또는 이소프로필알코올이 70% 함유된 용액을 적신 면봉으로 살살 닦아주세요.

자연적으로 치유되게 하세요

말라붙은 탯줄을 떼어내고 싶은 충동을 자제하고 자연스럽게 떨어지도록 놔두세요. 아무는 과정 중에 밑동 부근에서 피가 살짝 나는 것은 정상이에요. 딱지가 생겼을 때처럼 탯줄 밑동도 떨어져 나갈 때 피가 조금 날 수 있어요.

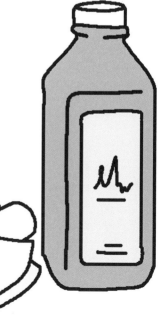

참외 배꼽이란?

탯줄이 말라붙어서 떨어져나가고 나서도 배꼽이 움푹 들어가는 대신 여전히 튀어나와 있기도 해요. 이는 탯줄을 클램프로 집은 방식이나 잘라낸 방법 때문이 아니에요. 참외 배꼽을 가진 아기에게 의학적으로 우려할 만한 사항은 전혀 없으며, 인구의 10% 정도가 참외 배꼽을 가지고 있답니다.

병원에 가야 할 때

감염의 징후

- 해당 부위가 붉어지거나 부어오른 경우
- 지속적인 출혈이 있는 경우
- 누런 분비물이 나오는 경우
- 악취가 나는 경우
- 밑동을 만졌을 때 아기가 불편해하는 경우
- 열이 나는 경우

활동성 출혈

출혈은 흔히 발생하지만, 활동성 출혈은 핏방울을 닦아냈는데도 또 다른 핏방울이 맺히는 현상을 말해요.

탯줄 육아종

탯줄 육아종은 소량의 황록색 분비물이 차 있는 붉은 조직으로 된 작은 혹을 말하며, 매우 흔해요. 부어오르거나 붉어지거나 열을 동반하지 않는다는 점에서 감염과는 달라요.

보통 자연적으로 치유되지만 잘 낫지 않는다면 병원에서 해당 부위를 지져서 치료해야 해요. 질산은을 해당 부위에 발라 조직을 태우는 방식이지요. 해당 부위에는 신경 말단이 없기 때문에 아기에게는 아무런 통증도 느껴지지 않아요.

제공된 정보는 전문적인 의료 조언, 진단, 치료의 대안이 아니에요.
당신과 아이에게 적합한 치료인지 확인하려면 항상 주치의나 전문 의료인과 상담하세요.

손발톱 다듬기

아기의 손톱을 다듬는 일은 겁날 수 있어요. 아기의 손가락은 무척 작으며 도무지 가만히 있지를 않으니까요. 아기의 손톱은 매우 부드럽지만 때로는 매우 날카롭기도 해요! 신생아들은 팔을 마구 휘두르는 경향이 있는데, 이 때문에 작은 얼굴에 상처를 낼 수도 있지요. 손톱은 일주일에 두세 번 정도 자르거나 다듬어야 하는 반면, 발톱은 그보다는 덜 자주 다듬어도 돼요.

아기의 손발톱 다듬기를 위한 팁

긴 손톱을 확인하세요

당신의 손가락을 아기의 손톱 끝에 대보세요. 손톱이 길거나 날카롭게 느껴진다면 다듬어줘야 해요.

다듬으세요

신생아의 첫 몇 주 동안에는 손발톱이 매우 부드러우므로 잘라내기보다는 다듬어서 가장자리를 매끈하게 만들어줘야 해요.

불빛을 찾으세요

당신이 하고 있는 일을 분명하게 볼 수 있도록 다듬기를 할 환한 장소를 찾으세요.

적절한 장비를 갖추세요

아기 손톱깎이나 손톱 가위를 사용하는 것이 성인용을 사용하는 것보다 안전하고 쉬워요. 1개월이 지나면 손톱깎이를 사용하기 시작해도 돼요.

적절한 시기

아기 손발톱을 깎으려면 아기가 잠들 때까지 기다리세요. 운이 좋다면, 아기가 손발톱을 깎다가 잠이 들 거예요. 만약 아기가 깨어 있는 동안 해야 한다면 될 수 있는 한 손톱을 다듬고 있는 손의 반대쪽 손에 장난감을 쥐여줌으로써 주의를 분산시키세요.

아기 손발톱 다듬기

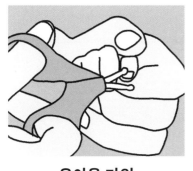
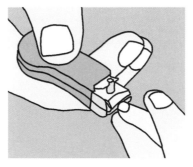
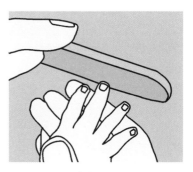

유아용 가위 **유아용 손톱깎이** **손톱 줄**

다듬기

1개월 이후, 아기의 손발톱은 딱딱해져서 자르기 쉽게 될 거예요. 그 전에는 손톱 줄을 이용해서 손발톱을 매끄럽게 다듬어야 해요.

다듬으려면, 아기의 손을 꽉 잡고 피부를 베지 않도록 손가락 끝부분이 손톱과 살짝 떨어지게 누르세요. 아주 조심스럽게 손가락 끝의 곡선을 따라 손톱을 자르세요. 손톱의 곡선을 따라 세 번에 나눠서 자르길 추천해요. 유아용 가위를 사용할 때에는 대체로 한 번에 자를 수 있어요.

가장자리를 매끄럽게 다듬으세요

손발톱을 다듬고 나면 날카로운 가장자리를 매끄럽게 만들고 싶을 거예요.

응급처치

아기의 작은 손가락을 베는 것은 끔찍하지만, 너무 속상해할 필요는 없어요. 누구에게나 꽤 자주 일어나는 일이니까요. 상처를 차가운 물에 헹구고, 소독용 거즈나 코튼볼을 손가락에 댄 다음, 살짝 누르세요. 출혈은 보통 2~3분 안에 멈춰요.

절대로 아기 손가락에 반창고를 붙이지 마세요. 아기가 손가락을 입에 넣을 때 떨어질 가능성이 큰데, 이때 목에 걸릴 위험이 있어요.

첫 머리 자르기

머리숱이 얼마나 되며 머리카락이 얼마나 빨리 자라는지에 따라 아기가 첫 머리 자르기를 언제 해야 할지가 결정돼요. 당황하는 일 없이 잘 해내기 위한 유용한 팁 몇 가지를 드릴게요.

첫 다듬기 옵션

직접 다듬기
할 수 있을 것 같다면 아기의 첫 머리 다듬기를 직접 해줄 수 있어요.

어린이 미용실
어린이 미용실은 어린아이들이 머리 손질을 즐길 수 있도록 만들어진 곳이에요. 대체로 아이들의 시선을 분산시킬 장난감과 영상이 준비돼 있어요.

머리 자르기 팁

미리 준비하세요
필요한 모든 것을 미리 갖추세요.

- 의자(유아용 의자가 가장 좋아요)
- 빗이나 솔빗
- 이발기
- 가위
- 덧옷
- 물뿌리개

아기를 즐겁게 해주기 위한 텔레비전이나 아이패드 등이 설치된 장소를 찾고, 아기가 좋아하는 장난감들을 준비해두세요.

준비하기
의자에 앉은 아기의 어깨에 수건을 걸친 다음 머리핀으로 고정시키세요. 잘 안 되면 건너뛰어도 돼요. 머리 손질을 끝낸 다음 언제든 옷을 갈아입히면 되니까요.

다듬기

물뿌리개에 담긴 물로 아기의 머리를 적시고, 빗으로 머리카락을 차분하게 빗어주세요. 구간을 나누어 한 곳씩 다듬기 시작하세요. 두 손가락을 이용하여 머리카락 사이로 손가락을 넣어서 두피에서 떨어뜨리세요. 당신이 원하는 길이에 닿았을 때, 가위로 다듬으세요. 손가락을 항상 가위와 아기 머리 사이에 두세요.

간단한 팁

처음 잘라낸 머리카락을 아기 추억 상자에 보관하고 사진과 영상을 많이 남기는 것을 잊지 마세요.

아기의 첫 미용실 머리 자르기 팁

시간이 중요해요

식사 시간과 낮잠 시간 사이로 예약해야 아기가 배고프거나 신경질적이지 않아요. 미용사가 예약한 시간에 맞출 수 있는지 미리 전화로 확인하고, 만약 아기가 그날 기분이 좋지 않다면 망설이지 말고 예약을 바꾸세요.

자리에 앉으세요

만약 아기가 미용사의 의자에 앉지 않으려고 한다면, 아기를 당신의 무릎 위에 앉혀보세요.

주기성이 가장 중요해요

같은 미용사에게 정기적으로 머리를 자르러 가면 아이가 신뢰와 친밀함을 쌓을 수 있으므로 아이의 다음 머리 손질에 도움이 돼요.

시야를 통제하세요

미용사가 시작하기 전에 의자를 돌려서 아기가 거울로 미용사와 가위를 보고 있지 않게 하는 것이 좋아요.

주의를 끌 물건을 준비해 가세요

아이가 좋아하는 작은 장난감이나 동물 인형을 가져가도록 하세요. 간식이나 아이가 좋아하는 영상이 담긴 아이패드를 준비하는 것도 도움이 될 수 있어요.

여벌의 옷

만약 아기가 가운 입기를 거부한다면 옷을 추가로 갈아입힐 수 있으면 좋아요.

침착함을 유지하세요

당신이 긴장하면 아기가 알아차릴 거예요. 침착하게 행동하세요.

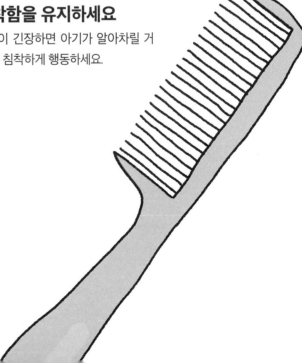

아기 양치질

유치는 작지만 중요해요. 영구치의 자리를 잡아주는 역할을 하거든요. 유치가 건강하게 자리 잡지 않으면 아이는 음식을 씹고 분명히 말하는 데 어려움을 겪을 수 있어요. 그래서 유치를 관리하여 썩지 않게 유지하는 것은 무척 중요해요.

유치가 나오는 시기

아기는 4~10개월 사이에 첫 이가 나오기 시작해요.

칫솔 고르기

아기에게 가장 좋은 칫솔은 부드럽고 둥근 미세모 칫솔로, 아기의 민감한 잇몸을 자극하지 않고 이를 효과적으로 닦아줄 거예요. 작은 손과 입에 적합한 크기의 칫솔을 고르세요.
칫솔에는 다음 조건이 필요해요:

- 부드러운 미세모
- 작고 둥근 칫솔 머리
- 큰 손잡이
- 유아용 사이즈일 것

아빠의 꿀팁

일찍부터 정해진 시간에 아기의 이를 닦아주기 시작하면 아기가 양치질 습관을 들이는 데 도움이 될 거예요. 그러면 아이가 스스로 양치를 해야 할 때가 되었을 때 더 순조롭게 진행돼요.

불소는 어떤가요?

미국소아치과학회는 3세 미만의 아이에게는 쌀알만 한 크기로, 3세 이상의 아이에게는 콩알만 한 양으로, 적은 양의 불소치약을 사용하길 권장해요.

치아 위생 단계

6
개월

아기의 첫 유치가 나오면 부드러운 수건으로 닦아주기 시작할 수 있어요. 소량의 물과 치약을 사용하여 이를 닦아내거나 손가락 칫솔을 사용하세요. 아기의 이는 하루에 한 번씩 닦아주길 권장해요.

9
개월

이 시기에는 유아용 칫솔 사용을 시작할 수 있어요. 앞뒤로 칫솔질하며 아이의 유치를 구석구석 부드럽게 닦아주세요. 아이가 칫솔을 손에 쥘 만큼 클 때까지 당신이 이를 닦아주게 될 거예요. 유아용 불소치약을 쌀알만 한 크기로 칫솔에 올려서 사용하세요.

18
개월

18개월이 되면 여전히 당신이 양치질을 해주고 있겠지만 아이도 직접 해보도록 시키기 시작하세요. 칫솔질 후에는 아이가 치약을 뱉어내도록 하되 입안을 헹구게 하지는 마세요.

3년

콩알만 한 양의 저불소치약을 사용하여 아이의 이를 닦기 시작하세요. 아이가 도움 없이 입안을 혼자 헹구고 뱉어낼 때까지 모든 과정을 계속 감독하세요. 아이의 유치에 충치, 갈색이나 흰색 반점, 구멍의 조짐이 없는지 살펴보세요.

자연 그대로의 아이
(포경 수술을 받지 않은 아이)

아이의 소중한 곳 관리하기

포경 수술을 받지 않았다는 말의 뜻

남자아이의 성기 윗부분을 덮고 있는 포피를 제거하지 않았다는 뜻이에요.

관리 방법

첫 몇 달 동안에는 포경 수술을 받지 않은 아기의 성기를 기저귀 안쪽 다른 부위와 같이 간단하게 비누와 물로 닦아서 씻어내야 해요. 면봉이나 소독약으로 특별히 세척할 필요는 없어요. 그러나 포피의 구멍이 너무 작으므로 소변의 흐름이 막힌 곳은 없는지 확인하기 위해 아기가 소변을 볼 때 잘 관찰해야 해요.

의사와 상의해야 할 때

만약 소변 줄기가 계속해서 가늘게 나타나거나 아기가 소변을 보는 동안 불편해하는 기색이 있다면 의사에게 연락해보세요.

포피 오므리기

하지 마세요!

포피가 언제 분리되며 안전하게 오므려질 수 있는지는 의사가 알려줄 거예요. 절대로 포피 아래를 씻기 위해 포피를 젖히려고 시도하지 마세요. 왜냐하면 신생아의 경우, 포피가 귀두와 유착돼 있어서 억지로 젖히면 통증이나 출혈이 생길 수 있거든요.

어떻게 생겼나요

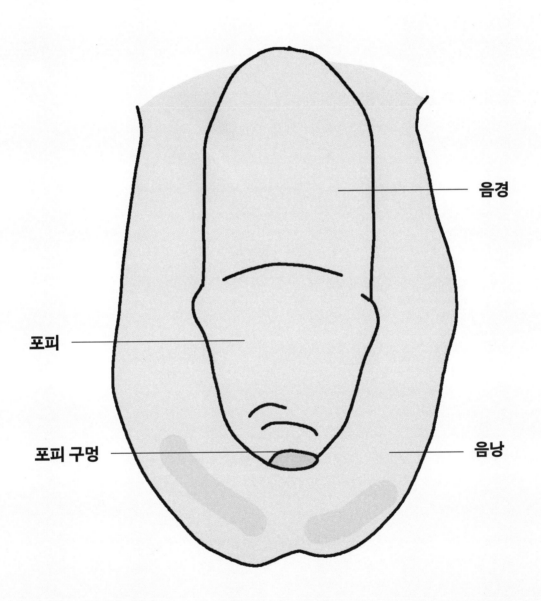

음경

포피

포피 구멍

음낭

싹둑싹둑
(포경 수술을 받은 아이)

아이의 소중한 곳 관리하기

포경 수술을 받았다는 말의 뜻

모든 남자아이들은 성기 끝부분을 덮고 있는 포피라고 불리는 피부 조각을 가지고 태어나요. 포경 수술은 이 피부를 제거하는 수술이에요. 참고로 한국과 미국의 경우 다른 나라에 비하면 신생아 포경 수술이 흔한 편이지만, 그 비율은 점점 감소하는 추세예요.

포경 수술 받은 성기 관리

부어오름

귀두의 뒤쪽이나 아래쪽이 붉게 부어오르며, 어쩌면 노란 분비물을 발견할 수도 있어요. 이는 정상적인 현상이며 일주일 내에 나아질 거예요.

출혈

포경 수술 이후에 기저귀에 피가 묻어 나오는 것은 흔한 일이에요. 첫 24시간 동안에는 활동성 출혈이 있는지 기저귀를 교체할 때마다 확인하세요. 묻어난 핏자국이 기저귀의 4분의 1을 넘지 않게 보이는 것이 정상이지만, 더 많은 피가 보인다면 의사와 상의하세요.

깨끗하게 유지하세요

상처와 성기가 최대한 깨끗하게 유지되도록 하세요. 기저귀를 갈 때마다 그 부위에 변이 묻어 있지 않도록 부드럽게 닦아내세요. 무향의 저자극성 비누와 따뜻한 물로 세척하세요. 자연적으로 물기가 마르게 두고, 강하게 문지르지 마세요.

잘 지켜보세요

포경 수술을 한 성기의 끝부분이 살짝 빨갛고 멍이 들었다면, 그건 괜찮아요. 첫 며칠 동안에는 귀두에 황백색이나 누런색의 반점이 있을 수도 있어요. 이는 일종의 딱지이며 완전히 정상이에요.

제공된 정보는 전문적인 의료 조언, 진단, 치료의 대안이 아니에요.
당신과 아이에게 적합한 치료인지 확인하려면 항상 주치의나 전문 의료인과 상담하세요.

통증 완화

아이가 통증을 느끼면 울거나 수면이나 식사에 문제가 생길 수 있어요. 포경 수술 후 첫 24시간 동안에는 의사가 아기의 통증을 관리하는 데 도움이 되는 아세트아미노펜을 처방해줄 거예요.

그곳을 보호하세요

수술 후에는 생식기에 바셀린과 함께 반창고를 붙여둘 거예요. 아물어가는 생식기에 계속 반창고를 붙여야 할지의 여부는 의사에게 확인하세요.

반창고 부착 여부에 상관없이, 생식기를 보호하고 생식기가 기저귀에 달라붙거나 마찰되지 않도록 하기 위해 기저귀를 교체한 후에는 바셀린이나 항생 연고를 조금씩 발라줘야 해요.

우려해야 할 증상

아기에게 다음 증상 중 하나라도 나타난다면 의사와 상의하세요:

- 소변보기를 힘들어할 때
- 활동성 출혈 또는 기저귀의 4분의 1 이상을 차지하는 핏자국
- 부기와 충혈이 5일 이상 악화될 때
- 일주일 이상 노란 분비물이 지속될 때

- 악취가 날 때
- 발열
- 딱딱한 딱지가 생기고 고름이 찬 상처
- 2주 후에 플라스틱 링(플라스티벨-옮긴이)이 떨어져 나오지 않을 때

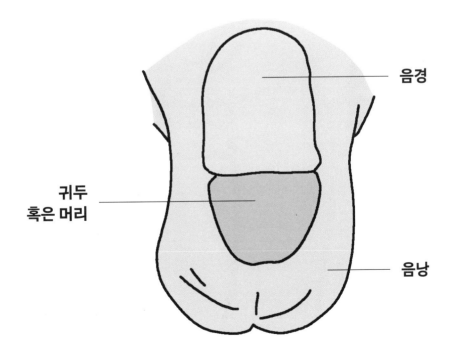

음경

귀두
혹은 머리

음낭

모든 아기들의 뒤에는
빨래 한 바구니가
쌓여 있지요.

아기 옷

핵심 사항

아기 옷과 사이즈, 관리 방법을 이해하기 위해 알아야 할 모든 것

사이즈 파악하기

아기는 다양한 체형과 크기로 태어나며 제각기 다른 속도로 성장하므로, 당신의 아기에게 적절한 사이즈를 찾는 것은 까다로운 일일 수 있어요. 사이즈 표는 대부분의 아이의 체중과 신장에 기반하여 영유아 사이즈를 위한 일반적인 기준을 제시하고자 만들어졌어요.

아기 옷 사이즈 표

사이즈*	체중	신장
신생아	3~4kg	48cm까지
0~3M	4~6kg	48~58cm
3~6M	6~8kg	58~65cm
6~9M	8~9kg	65~70cm
9~12M	9~10kg	70~75cm
12~18M	10~12kg	75~80cm
18~24M	12~14kg	80~85cm

* 미국을 비롯한 해외에서는 아기 옷 사이즈를 개월 수로 표기하는 것이 일반적이다. - 옮긴이

빨래 팁

애벌빨래

의류 제조 과정의 일부는 아기의 민감한 피부에 자극을 주거나 발진을 일으킬 가능성이 있는 화학 물질과 가공제의 사용이 포함돼요. 또한 의류는 유통 과정에서도 먼지와 세균이 달라붙을 수 있어요. 최대한 조심하면서 아기에게 옷을 입히기 전에 애벌빨래를 하는 것이 가장 좋아요.

이런 세제를 사용하세요

- 파라벤이 없는 세제
- 프탈레이트가 없는 세제
- 염료가 들어 있지 않은 세제
- 인공 광택제가 들어 있지 않은 세제
- 향료가 첨가되지 않은 세제
- 저자극성
- 인산염이 들어 있지 않은 세제
- 무독성
- 불소가 들어 있지 않은 세제

꼭 필요한 물품

신생아 의류

신생아에게 필요하게 될 옷은 그리 많지 않아요. 아기는 금방 자라고 신생아 상태는 오래 지속되지 않는다는 사실을 명심하세요. 꼭 필요한 옷만 갖추길 추천해요.

간단한 팁

우주복은 어깨에 작은 덮개가 달려 있어요. 이는 우주복을 아기의 머리 위로 잡아당기는 대신 다리 쪽으로 내려서 벗기도록 도와주기 위한 것이에요. 이렇게 하면 변이 꽉 찬 기저귀를 교체할 때 훨씬 더 깨끗하게 할 수 있어요.

신생아에게 꼭 필요한 옷

우주복
6벌

유기농 100% 순면 소재를 찾으세요. 머리와 다리를 넣는 구멍이 넓으며, 단추가 최소한으로 달린 제품이 가장 좋아요. 날씨에 따라 긴소매 우주복도 몇 벌 고려해야 할 거예요.

모자
2~3개

챙이 넓은 여름용 모자와 아기의 귀를 가려주는 겨울용 모자가 모두 필요할 거예요.

양말
3~4켤레

그 어느 때보다 많은 양말을 소모하게 될 거예요. 다양한 양말을 신기는 재미도 있겠지만 대중적인 색상에서 벗어나지 않는 제품으로 고르면 옷과 맞춰 신기에 더 수월하답니다.

잠옷 / 롬퍼
5벌

상하의가 하나로 붙어 있는 잠옷을 찾아보세요. 우리는 스냅 단추나 일반 단추가 아닌 지퍼가 달린 디자인을 추천해요. 아기가 옷 밖으로 빠져나오지 않도록 너무 헐렁하지 않아야 해요.

**스웨터
코트
원피스**

이러한 종류의 옷은 모두에게 꼭 필요한 것은 아닐지도 모르지만, 날씨가 춥다면 신생아를 위한 코트나 스웨터를 구비하는 것이 도움이 돼요. 원피스도 예쁘지만 신생아는 금방 자라서 옷이 맞지 않게 될 테니 너무 열광하지 않길 추천해요.

아빠의 꿀팁

만약 당신이
둘 이상의 자녀를 가지고자 한다면
둘째나 셋째 아이에게도
입힐 수 있도록
남녀 공용의 흰색 우주복,
흰색 양말 등을 구매하는 것도
고려해보세요.

꼭 맞는 제품으로 준비하세요!

Simplestbaby.com에 접속하여 가장 똑똑한 아기용품 및 필수품 추천 목록을 확인하세요.

꼭 필요한 물품

영아용 의류

영아를 위해 필요하게 될 옷 중 일부는 신생아 옷과 비슷하지만 크기가 더 커요. 당신은 또한 성인이 입을법한 옷과
비슷한 디자인의 옷을 추가적으로 구매하기 시작할 거예요. 이 중 일부는 당신이 비용을 얼마나 지출할 생각이 있
느냐에 달려 있을 거예요.

우주복
6~10벌

우주복은 1년 혹은 그보다 더 오랜 기간 아기 옷장의 주요 구성요소가
될 거예요.

잠옷
6벌

상하의가 하나로 붙어 있는 잠옷을 찾아보세요. 우리는 스냅 단추나
일반 단추가 아닌 지퍼가 달린 디자인을 추천해요. 아기가 옷 밖으로
빠져나오지 않도록 너무 헐렁하지 않아야 해요.

모자
2개

사는 곳에 따라 여름용 모자 한 개와 겨울용 모자 한 개가 필요할 거
예요. 여름용으로는 챙이 넓은 모자가 좋고 겨울용으로는 아기의 귀
를 가려주는 디자인이 좋아요.

양말
5~10켤레

그 어느 때보다 많은 양말을 소모하게 될 거예요. 다양한 양말을 신기
는 재미도 있겠지만 대중적인 색상에서 벗어나지 않는 제품으로 고르
면 옷과 맞춰 신기 더 수월하답니다.

반바지
1~2장

아기 옷장에 반바지를 추가하는 것도 좋아요.

티셔츠
2~3장

아기가 12개월에 가까워질수록 티셔츠를 입히기 시작할 거예요. 아마 우주복과 티셔츠를 혼용하게 될 거예요.

바지나 레깅스
3장

남자아이에게는 바지가 필요할 것이고 여자아이에게는 레깅스와 바지가 필요할 거예요.

코트
1~2벌

가벼운 외투를, 그리고 추운 날씨에 대비하기 위해 더 두꺼운 외투를 준비하세요.

원피스
3벌

예쁜 딸에게 원피스를 입히고 싶다면 아마도 더 많이 장만하고 싶을 거예요. 하지만 사실 원피스는 아기보다 부모를 위한 옷이에요. 우리는 멋진 원피스들을 선물로 많이 받았으나, 우리 딸은 그것들을 입어볼 기회도 생기기 전에 자라서 그 옷들을 못 입게 되었답니다.

스웨터
1~2장

스웨터는 아마도 추운 계절, 그리고 에어컨을 틀어놓은 실내를 위해 최소 한 장 정도는 필요할 거예요.

신발
2~3켤레

아기가 활동성이 생기기 시작하면 신발이 더 필요하게 되겠지만 아기를 데리고 외출할 때에는 신발 두세 켤레만 있어도 충분해요.

꼭 맞는 제품으로 준비하세요!

Simplestbaby.com에 접속하여 가장 똑똑한 아기용품 및 필수품 추천 목록을 확인하세요.

꼭 필요한 물품

유아용 의류

아이는 걸음마를 배울 것이고 그 어느 때보다 활동적이게 될 거예요. 그리고 뛰고 또 뛰어다니니, 그 어느 때보다 옷이 빠르게 망가질 거예요. 아기가 이러한 옷들을 시험대에 올리고 당신은 빨래 속도를 따라가려고 노력할 테니, 유아용 의류는 내구성이 중요해요.

우주복
6벌

우주복은 1년 혹은 그보다 더 오랜 기간 아기 옷장의 주요 구성요소가 될 거예요.

잠옷
6벌

상하의가 붙어 있는 잠옷을 계속 입히세요. 아기가 만 1세에 가까워지면 상하의가 분리된 잠옷을 추가해도 좋아요.

모자
2개

여름용 모자 한 개와 겨울용 모자 한 개가 필요해요. 여름용으로는 챙이 넓은 모자가 좋고 겨울용으로는 아기의 귀를 가려주는 디자인이 좋아요.

양말
5~10켤레

그 어느 때보다 많은 양말을 소모하게 될 거예요. 다양한 양말을 신기는 재미도 있겠지만 대중적인 색상에서 벗어나지 않는 제품으로 고르면 옷과 맞춰 신기 더 수월하답니다.

티셔츠
4~5장

아기 머리 위로 쉽게 벗길 수 있도록 목에 스냅 단추가 달린 면 티셔츠와 터틀넥 상의를 찾아보세요. 내복은 보온성을 높이는 쉬운 방법이에요.

바지나 레깅스
5~6장

걸음마 하는 아이를 위해 다양한 종류의 바지를 사게 될 거예요. 지퍼가 달린 바지도 있고, 단추가 달린 바지도 있고, 고무줄이 들어간 바지도 있는데, 이는 변기 사용을 배우는 아이에게 좋아요.

반바지
2~3장

아기 옷장에 반바지를 추가하는 것도 좋아요.

코트
1~2벌

모자가 달린 양털 재킷은 아이를 따뜻하게 감싸주기 위한 안락하고 효과적인 방법이에요. 모자 달린 외투나 청재킷은 더 가볍게 껴입기 좋아요.

원피스
3~4벌

이제 아기가 조금 더 컸으니 편한 원피스가 더 필요할 것이고, 어쩌면 특별한 날을 위한 멋진 원피스도 몇 벌 필요할 거예요.

스웨터
1~2장

추운 계절을 위해 최소 몇 장 정도는 필요할 거예요.

신발
4~6켤레

이동성이 늘수록 많은 신발이 필요해요. 이 시기에는 스타일이 점점 더 개입하게 되면서 운동화, 샌들, 로퍼, 슬립온 등 더 많은 신발을 사용하게 될 거예요.

수영복
1~2벌

이제 아기가 수영 강습을 다니거나 작은 수영장에서 놀기 시작하면서, 입고 벗기 쉬우면서 내구성 좋은 수영복이 필요할 거예요.

눈옷
1벌

추운 날씨에 대비하기 위해 눈옷 등의 방한복을 구입하게 될 거예요.

꼭 맞는 제품으로 준비하세요!

Simplestbaby.com에 접속하여 가장 똑똑한 아기용품 및 필수품 추천 목록을 확인하세요.

안전이란
사고가
나지 않는 것이다.

안전

아이의 안전은 부모의 가장 중요한 우선순위 중 하나예요.
이 장에서는 당신의 아기의 세상이 최대한 안전하고
재미있을 수 있도록 돕기 위한 팁을 다룬답니다.

꼭 필요한 물품

가정 내 아동 보호

아기가 이리저리 움직이기 시작하면 그들의 호기심을 더는 막을 수 없게 되죠! 그들은 모든 일에 흥미를 보일 거예요. 아기를 안전하게 지키려면 아동 보호 장치를 마련해야 해요. 다음과 같은 물품이 필요할 거예요.

캐비닛 잠금장치

이 장치는 아이가 캐비닛을 여는 것을 방지해줘요.

콘센트 덮개

전기 콘센트 안전 덮개는 아이가 콘센트에 손을 대지 못하게 막아주며, 감전이나 감전사를 예방해줘요.

모서리 보호대

이 장치는 탁자, 출입구, 벽난로 주변의 뾰족한 모서리를 가리는 데 쓰여요. 용도에 따라 다양한 사이즈와 형태로 나온답니다.

안전문

이 장치는 아이가 위험할 수 있는 특정한 장소에 들어가거나 안전한 장소를 벗어나는 것을 차단하거나 막는 용도로 사용돼요.

오븐 잠금장치

이 잠금장치는 오븐이 닫힌 상태를 유지함으로써 호기심 많은 어린아이가 오븐을 열지 못하게 해줘요.

가스레인지 점화 손잡이 덮개

이것은 아이가 가스레인지를 켜지 못하도록 가스레인지 점화 손잡이에 씌우는 투명 플라스틱 덮개예요.

벽난로 잠금장치 / 가리개

이 장치는 여닫이문이나 미닫이문의 손잡이 위에 올려놓음으로써 문이 닫힌 채로 고정되게 잠가서 문 사이에 아이의 손가락이 끼는 일을 방지해줘요. 가리개는 아이가 벽난로 안으로 들어가는 것을 방지하기 위해 벽난로를 막아줘요.

문손잡이 덮개

이 장치를 문의 손잡이에 씌우면 아이가 손잡이를 돌리려고 할 때 손잡이 주위가 헐겁게 돌아가요. 양옆에 뚫린 두 개의 구멍 속으로 손가락을 넣어 손잡이를 돌리면 문을 열 수 있어요.

화재경보기

화재경보기는 집 안의 화재를 감지하고 경보를 울리는 데 쓰여요. 또한 소방서에도 화재 사실을 알리도록 설정할 수 있어요.

일산화탄소 탐지기

일산화탄소 탐지기는 일산화탄소 가스가 누출되었음을 알려서 가스 중독을 방지하기 위한 장치예요. 이는 침실 앞 통로에 설치돼야 해요.

소화기

가정용 소화기는 진화하려는 화재의 종류의 따라 A, B, C, 또는 그 결합물로 분류돼요. 일반 화재용, 유류화재용, 전기화재용이 있어요. 보편적인 가정용 소화기는 일반 소화기 혹은 ABC 소화기라고 불러요.

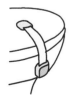

변기 잠금장치

어린아이들이 사고로 변기에 빠지는 것을 방지하기 위해 변기 뚜껑을 열지 못하게 하는 장치예요. 만약 화장실 문에 문손잡이 덮개를 씌워서 문을 닫아놓을 수만 있다면 변기 잠금장치를 사용하지 않아도 돼요.

꼭 맞는 제품으로 준비하세요!

Simplestbaby.com에 접속하여 가장 똑똑한 아기용품 및 필수품 추천 목록을 확인하세요.

아동 보호

아기 방

화재경보기
설치해두고 주기적으로 시험해 보세요. 적어도 1년에 한 번씩 배터리를 교체해야 해요.

가구 고정 장치
옷장과 책장이 아이 위로 넘어지는 것을 방지하려면 브래킷으로 벽에 고정하세요. 아동 보호용 잠금장치를 달아서 아기가 열려 있는 옷장 서랍을 밟고 올라가지 못하게 하세요.

출입구
안전문이나 문에 손잡이 덮개를 설치해서 아기가 문을 여는 것을 막음으로써 한밤중에 아기가 돌아다니는 것을 방지하세요.

콘센트
사용하지 않는 모든 전기 콘센트 위에 플라스틱 콘센트 덮개를 씌우세요.

환기구

아이가 과열되지 않게 하세요. 과열은 SIDS와 관련된 잘 알려진 위험 요소예요. 아기 침대를 난방기구 옆이나 직사광선이 들어오는 위치에 두지 마세요.

매트리스 / 침구
매트리스는 반드시 단단해야 하며 아기 침대에 딱 맞게 들어가야 해요. 매트리스 가장자리와 침대 틀 사이에 두 손가락 넓이 이상의 틈이 생기면 안 돼요. 반드시 사이즈가 꼭 맞는 시트와 방수 매트리스 커버를 사용하세요.

러그
모든 러그 아래에 미끄럼 방지 패드를 깔아두세요.

거울이나 커다란 액자와 같은 물건을 아기 침대 위에 걸지 마세요. 떨어져서 아기를 다치게 할 수 있어요.

모빌
아기 침대에 달린 모빌을 제거하세요. 특히 아이가 일어설 수 있다면 말이에요.

아이가 아기 침대 밖으로 나가려고 시도하는 경우에 대비해 아기 침대를 창문 및 다른 가구와 떨어뜨려놓으세요. 창문이 열리는 것을 방지하려면 창문 열림 방지 장치를 설치하세요. 목이 졸릴 위험이 있으므로 창문 블라인드 줄을 제거하거나 묶어두세요.

이불과 베개, 범퍼, 봉제 장난감을 아기 침대 안에 두지 마세요. 이러한 물건들은 모두 아이를 질식시키거나 갇히게 할 위험이 있으므로 절대 아기 침대 안에서 사용하면 안 돼요.

아기 침대
침대는 튼튼해야 하며 가장자리에는 창살 간격이 약 6cm를 넘지 않는 난간이 달려 있어야 해요. 친환경적이고 지속 가능한 자재로 만들어졌으며 무독성 페인트가 사용된 제품을 선택하세요. 침대의 머리판은 아이의 옷이 걸릴 만한 기둥 장식이나 조각된 부분 없이 단단해야 해요.

흔들의자 / 바운서
사용하지 않을 때에는 의자가 움직이지 않도록 잠금장치가 달린 바운서를 선택함으로써 아기의 발가락과 손가락을 보호해주세요. 그리고 모든 전동 장치는 아기 손에 닿지 않게 보관해야 해요.

아동 보호

주방

유리컵 / 식기
유리컵과 식기류를
아기의 손이 닿지 않는 곳에 보관하세요.

칼
칼을 비롯한 조리 도구를 치워두고
아이의 손이 닿지 않게 하세요.

소형 가전제품
소형 가전제품을 사용하지 않을 때에는
플러그를 뽑아두세요.

찬장
아이에게 위험하거나
해로울 수 있는
물건이 들어 있는
찬장과 캐비닛에
잠금장치를
설치하세요.

식기세척기
식기세척기 문에 잠금장치를
달아두면 호기심 많은 아이가
안에 들어가는 것을 막을 수 있어요.
식기세척기 안의 포크와 칼은
손잡이가 위로 가고 날카로운 부분이
아래로 가게 두세요.

식탁보
아이가 잡아당겨서 위에 있던 것들이
떨어지면 아이가 다칠 수 있으므로
식탁 매트나 식탁보를 사용하지 마세요.

뾰족한 모서리
머리나 눈의 부상을 방지하기 위해
모서리 보호대나 모서리 쿠션을
뾰족한 모서리가 있는 표면에 설치하세요.

세제
세제, 살충제, 청소용품, 그리고
모든 유독성 가정용 화학제품을
높이가 높은 찬장 안에 잘 넣어두세요

가스레인지용 냄비
손을 움직이다가
뜨거운 표면에 닿는 일을
방지하려면 뒤쪽에 있는
화구를 사용하세요. 만약
쪽 화구를 사용해야 한다면
냄비 손잡이가 뒤쪽을
향하도록 돌려놓으세요.

주방 자석
아기 목 안에 걸릴
위험이 있으므로
모든 냉장고 자석을
제거하세요.

**가스레인지 점화
손잡이 덮개**
모든 가스레인지와
전기레인지 점화 손잡이에
안전 덮개를 설치하세요.

냉장고
냉장고 문에 잠금장치를
해두면 아이가 냉장고에
들어가지 못하게 하는 데
도움이 될 거예요.
냉장고 안의 유리용기들을
높은 선반으로 옮기는 것도
고려해보세요.

아동 보호

거실

장스탠드
넘어질 가능성이 있는
장스탠드를 치워놓거나
손이 닿지 않는 가구 뒤로
옮겨두세요.

전기 콘센트
모든 전기 콘센트를
안전 플러그로 가려두세요.

안전문
계단 아래와 꼭대기, 그리고
아기가 돌아다니다가
위험에 처하지 않도록
막을 필요가 있는 곳에
안전문을 설치하세요.

뾰족한 모서리
뾰족한 모서리가 달린 모든 탁자와 가구에
모서리 보호대를 사용하세요.

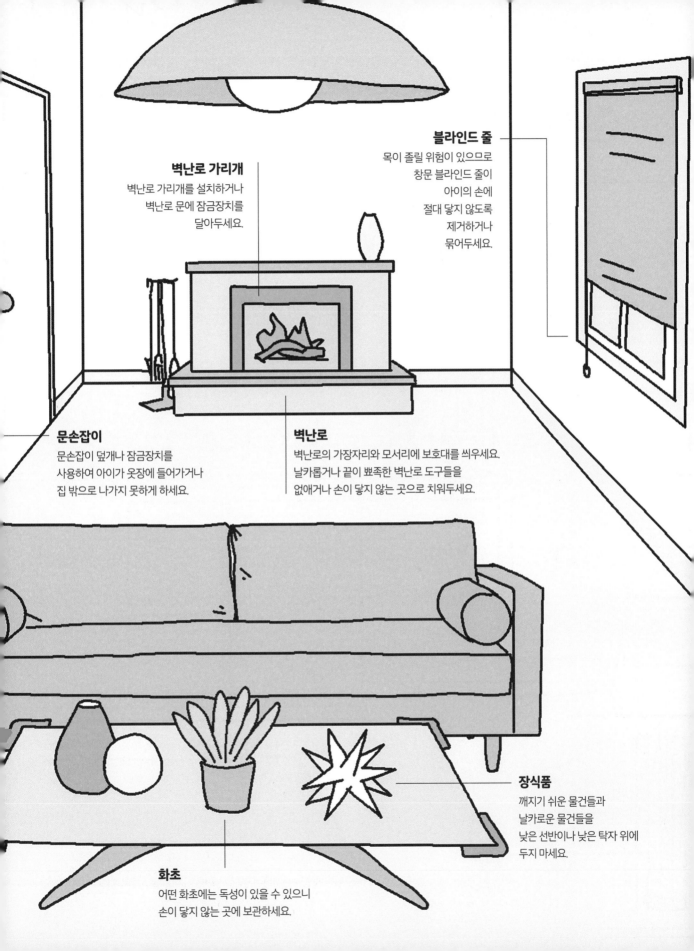

블라인드 줄
목이 졸릴 위험이 있으므로
창문 블라인드 줄이
아이의 손에
절대 닿지 않도록
제거하거나
묶어두세요.

벽난로 가리개
벽난로 가리개를 설치하거나
벽난로 문에 잠금장치를
달아두세요.

문손잡이
문손잡이 덮개나 잠금장치를
사용하여 아이가 옷장에 들어가거나
집 밖으로 나가지 못하게 하세요.

벽난로
벽난로의 가장자리와 모서리에 보호대를 씌우세요.
날카롭거나 끝이 뾰족한 벽난로 도구들을
없애거나 손이 닿지 않는 곳으로 치워두세요.

장식품
깨지기 쉬운 물건들과
날카로운 물건들을
낮은 선반이나 낮은 탁자 위에
두지 마세요.

화초
어떤 화초에는 독성이 있을 수 있으니
손이 닿지 않는 곳에 보관하세요.

아동 보호

화장실

의약품
의약품 캐비닛에 있는
모든 약품에
아동 보호용 마개가
달려 있는지 확인하세요.
모든 의약품을 본래의
용기에 보관하세요.
처방전이 필요한 약과
제산제, 아스피린,
구강 청결제를 비롯한
모든 화장품과
의약품을 높고 안전한
캐비닛에 넣어두세요.

전자기기
헤어드라이어나 고데기와 같은
모든 전자기기는 사용하지 않을 때
코드를 뽑아두고, 손이 닿지 않는 곳에
보관하세요.

전기 콘센트
모든 전기 콘센트를 안전 플러그로
가려두세요.

미끄럼 방지
넘어짐을 방지하려면
러그 밑에 미끄럼 방지 매트를
깔아두세요.

변기
변기를 사용하지 않을 때 뚜껑을 고정시키는
아동 보호용 변기 잠금장치를 고려해보세요.

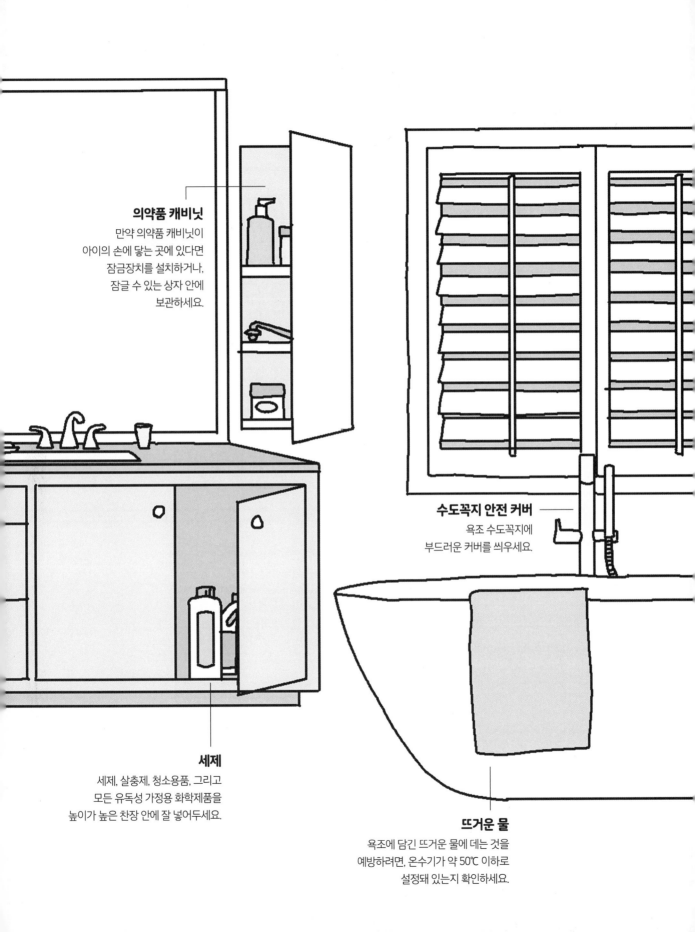

의약품 캐비닛
만약 의약품 캐비닛이
아이의 손에 닿는 곳에 있다면
잠금장치를 설치하거나,
잠글 수 있는 상자 안에
보관하세요.

수도꼭지 안전 커버
욕조 수도꼭지에
부드러운 커버를 씌우세요.

세제
세제, 살충제, 청소용품, 그리고
모든 유독성 가정용 화학제품을
높이가 높은 찬장 안에 잘 넣어두세요.

뜨거운 물
욕조에 담긴 뜨거운 물에 데는 것을
예방하려면, 온수기가 약 50℃ 이하로
설정돼 있는지 확인하세요.

아동 보호

마당

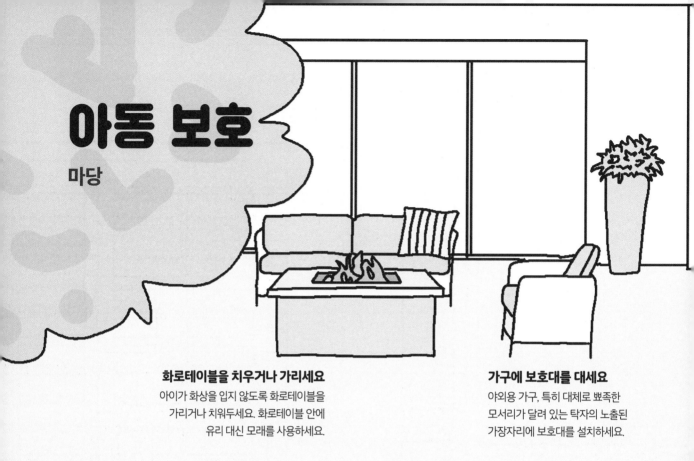

화로테이블을 치우거나 가리세요
아이가 화상을 입지 않도록 화로테이블을
가리거나 치워두세요. 화로테이블 안에
유리 대신 모래를 사용하세요.

가구에 보호대를 대세요
야외용 가구, 특히 대체로 뾰족한
모서리가 달려 있는 탁자의 노출된
가장자리에 보호대를 설치하세요.

수영장과 온수욕조 안전
미국소아과학회는 수영장 주위에

울타리를 치라고 권고해요.
대부분의 온수욕조는 덮개가 포함돼 있으므로,
덮개에 달린 잠금장치가 잘 잠기는지 확인하세요.

화초를 확인하세요
마당에 독성이 있는 화초가 있다면 캐내서 제거하여,
아이가 삼키는 일이 없도록 하세요. 독성 화초에는
철쭉, 매자나무, 칼라, 호랑가시나무, 협죽도 등이 있어요.
만약 마당에 가시가 달린 선인장이 있다면
그것도 없애는 것을 고려해보세요.

울타리
마당의 전체나 일부에
울타리를 쳐서 아이를 위한
안전한 놀이구역을 만들어주세요.
울타리는 아이를 도로와 같은
위험한 곳에 가까이 가지 않게
해주며, 아이가 여기저기
돌아다니는 것을
방지해줘요.

잔디에 사용하는 화학약품
제초제, 잔디용 비료, 살충제,
녹슨 페인트통과 같은 화학약품들을
안전한 곳에 보관하세요.
유독성 물질을 반드시 창고나 차고 안의
높은 선반 위에 보관하세요.

차고 문
아동 보호용 자동문 설정이
제대로 작동하는지 확인하세요.
아이가 들어가지 못하도록
차고 문을 닫아두세요.

자동차
아이가 자동차 경주 놀이를
하지 못하도록 차 문을 잠가두세요.

정원용 기기
잔디 깎는 기계를 비롯한
마당용 기계뿐 아니라 모종삽과
갈퀴 같은 작은 도구들도
아이가 손을 대면 위험해질 수 있어요.
이러한 물건들을 잠긴 창고 안에
보관하세요.

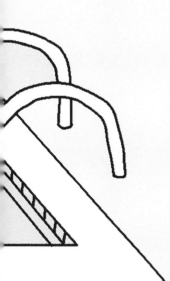

바비큐 화로 / 장비
끝이 날카로운 바비큐용품 등을 손에 닿지 않는 곳에
보관하세요. 바비큐 화로가 꺼져 있는지 확인하고,
사용할 때에는 아이가 너무 가까이 가지 못하도록
계속해서 감시하세요.

질식 위험

말 그대로 모든 것이 아기의 입속으로 직행하고 싶어 하는 것처럼 보여요. 그러니 질식의 위험이 있는 물건들을 식별하고 없애는 것은 신생아 심폐소 생술만큼 중요해요.

간단한 팁
아이에게 질식 위험이 가장 큰 것 중에는 **핫도그**와 **포도**가 있어요.

질식

질식은 주로 음식이나 장난감 같은 물건이 기도에 걸려서 호흡을 방해할 때 일어나요. 폐로 오가는 공기의 흐름이 막히면 뇌가 산소를 빼앗길 수 있으며, 이는 생명을 위협하는 응급상황이에요.

질식 위험을 일으킬 수 있는 음식

 포도 포도는 껍질 없이 세로로 4등분 해야 해요.

 팝콘 팝콘은 어린아이가 제대로 씹지 못하기 때문에 위험해요.

 딱딱한 사탕 딱딱한 사탕을 포함한 사탕 종류는 질식을 일으킬 수 있어요.

 껌 아이의 기도를 막을 수 있어요.

 견과류와 씨앗 어린아이들이 대체로 음식을 잘게 씹지 못하므로 위험해요.

 생과일 제대로 씹지 않으면 작은 과일도 위험할 수 있어요.

 땅콩버터 많은 양의 땅콩버터는 질식 위험이 있어요.

 생야채 딱딱한 야채의 큰 조각은 씹지 않으면 질식 위험이 있어요.

 핫도그 아이에게 핫도그를 주려면 세로로 작게 자르는 것이 가장 안전해요.

 수박 수박씨가 위험할 수 있어요.

 태피 태피(무른 사탕)는 아이의 기도에 들러붙을 수 있어서 위험해요.

 고기와 치즈 고기와 치즈는 작은 조각으로 잘라야 해요.

음식과 질식에 관한 팁

- 아이가 먹을 때에는 앉아서 꼭꼭 씹게 하세요.

- 말하거나 웃기 전에 음식을 씹어서 삼키도록 가르치세요.

- 성인들의 식사 모임 중에도 방심하지 마세요. 식사가 끝나면 즉시 치우고, 질식을 일으킬 수 있는 음식이 떨어져 있지 않은지 바닥을 확인하세요.

- 음식을 가지고 있는 아이가 절대 보호자 없이 뛰거나 놀거나 차에 타지 않게 하세요.

- 4세 미만의 아이에게는 딱딱한 음식을 주지 말고, 부드러운 음식을 주세요.

흔한 가정 내 질식 위험

작은 장난감 분리되거나 부서질 수 있는 작은 장난감이나 작은 부품이 있는 장난감뿐만 아니라 작은 인형 액세서리.

동전 동전도 질식의 위험이 있어요.

풍선 공기가 새어 나오는 라텍스 풍선은 위험해요.

펜 뚜껑 펜과 마커의 뚜껑은 진짜 문제가 될 수 있어요.

사무용품 클립, 압정 등은 위험할 수 있어요.

플라스틱 뚜껑 플라스틱 병뚜껑은 주요한 질식 위험 요소예요.

건전지 작은 크기의 건전지는 위험할 수 있어요.

못 못, 볼트, 나사는 위험해요.

구슬 구슬과 작고 둥근 장난감은 위험해요.

부러진 크레파스 부러진 크레파스와 분필은 위험할 수 있어요.

지우개 일반 지우개나 연필에서 떨어져 나온 지우개는 문제를 일으켜요.

장신구 작은 귀걸이, 반지, 목걸이 등도 위험할 수 있어요.

질식 위험

미국의 아동안전보호법은 작은 부품이 있는 장난감의 포장에 경고문을 부착하라고 요구해요. 이는 작은 부품 경고문이라고 불리며, 잠재적인 질식 위험을 지적하지요.

그들을 잘 지켜보세요

제가 깜짝 놀랐던 한 가지는 우리 아이들이 바닥에 있는 아무 물건의 작은 조각들을 찾아내는 능력이었어요. 아이들은 나뭇잎이나 종이나 플라스틱 조각을 찾는 데 실패하는 법이 없었어요. 제가 말하고자 하는 요점은, 당신이 집을 아무리 깨끗이 관리해도 아기들은 잠재적으로 위험한 물건을 찾아내는 특별한 레이더라도 있는 듯하니 정말 조심해야 한다는 거예요.

예방법과 팁

- 어린아이들이 음식을 먹는 동안 절대 혼자 남겨두지 마세요.

- 아이들이 음식을 먹는 동안 반드시 앉아 있게 하세요.

- 작은 물건들은 아이 손에 닿지 않는 곳에 두세요.

- 식사와 간식 시간은 반드시 차분하고 느긋하게 해주세요.

- 아이가 걷거나 차에 타고 있거나 놀이를 할 때에는 음식을 먹지 못하게 하세요.

- 음식을 작은 조각으로 자르고 씨를 제거하세요.

- 작은 부품이 있는 장난감은 피하세요.

- 끈적거리는 음식은 아이에게 소량으로만 주세요.

- 아이가 음식을 꼭꼭 씹어 먹도록 시키세요.

- 아이를 돌봐주는 사람에게 질식 위험에 대해 교육하세요.

- 긴급 연락처와 비상연락망을 파악해두세요.

- 아동 심폐소생술과 하임리히법 등의 인명구조법을 배워두세요.

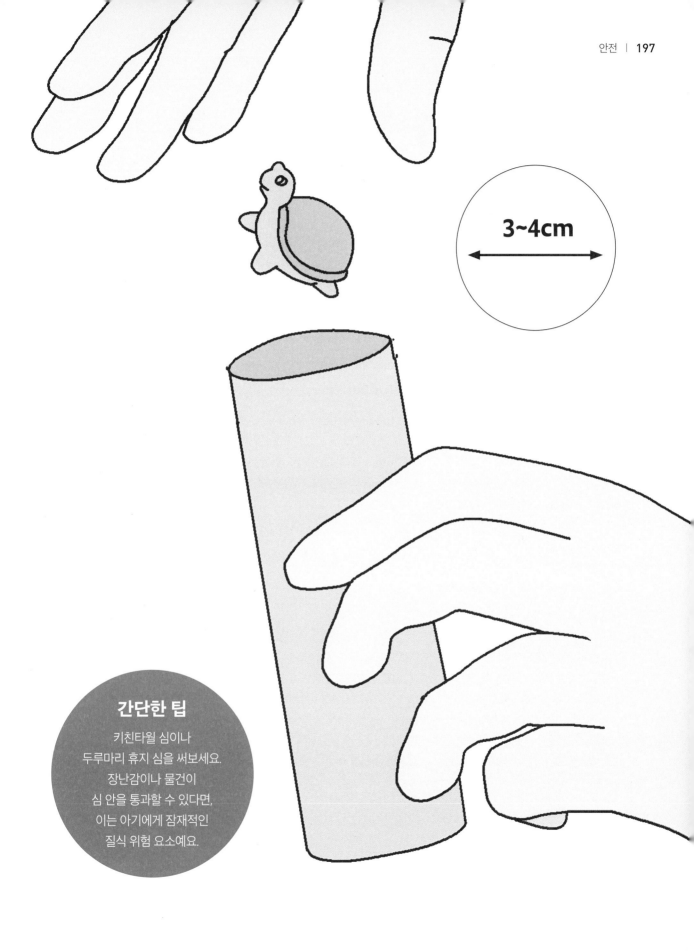

3~4cm

간단한 팁

키친타월 심이나
두루마리 휴지 심을 써보세요.
장난감이나 물건이
심 안을 통과할 수 있다면,
이는 아기에게 잠재적인
질식 위험 요소예요.

반려견과 아기

반려동물은 아이에게 아주 좋은 존재이자 아이의 삶에 있어 근사한 일부분이 될 수 있지만, 반려동물도 자신이 더 이상 당신의 관심의 중심이 아니라면 질투심을 느낄 수 있어요. 미리 계획하고 적절한 단계를 밟는다면, 당신의 아이의 탄생이 가정을 혼란에 빠뜨리지 않게 될 거예요.

아기를 반려견에게 소개하는 팁

훈련사

만약 아기가 태어나기 전 당신의 강아지에게 문제가 있다면, 훈련소에 보내거나 훈련사를 집으로 부르세요.

반려견의 일과에 미리 변화를 주세요

반려견이 변화를 아기와 연결시키지 않도록 산책시키는 시간, 잠을 자는 시간, 식사 시간 등 강아지의 일과를 완전히 바꾸지 않는 것이 중요해요. 만약 반려견의 일과에 변화가 있을 것임을 안다면, 아기가 집에 오기 몇 달 전부터 그러한 변화를 주도록 하세요.

녹음된 아기 소리를 틀어주세요

아기는 목소리가 크고 시끄러울 수 있는데, 이는 반려견을 흥분시킬 수도 있어요. 반려견에게 녹음된 아기 소리를 틀어줌으로써 아기가 내는 소리에 익숙해지도록 도와주세요.

반려견이 아기 냄새에 익숙해지게 하세요

비누나 기저귀와 같은 아기 냄새 중 일부를 미리 접하게 하세요.

멍멍이를 위한 공간 / 안전지대

아기가 집 안의 어느 구역을 기어다닐지 안다면 해당 구역이 포함되도록 미리 안전문을 세워두세요. 반려견을 위한 구역 밖에 안전지대를 만들어주는 거예요. 반려견을 견제해야 할 때에는 반려견을 안전문 밖으로 내보내세요. 아기가 걸음마를 시작하고 반려견이 이 작은 악동으로부터 벗어나고 싶어 할 때, 그들에게도 도피할 곳이 있어요.

반려견과 첫인사 하기

출산 후 병원에서 집으로 돌아왔을 때 아기를 곧바로 데리고 들어오지 마세요. 당신이 먼저 들어가서 반려견에게 애정을 듬뿍 보여주세요. 그런 다음 아기를 데리고 들어오면, 반려견은 차분해질 것이고 뛰어오르거나 관심을 얻으려고 덤벼들지 않을 거예요.

반려견이 아기에게 서서히 익숙해지게 하세요

반려견에게 아기를 성급히 보여주지 마세요. 반려견이 아기의 냄새와 모습에 익숙해질 시간을 주세요. 그저 당신의 일상적인 일을 계속하면서, 모두가 일과에 몰두하게 놔두세요.

아기 소개하기

반려견을 아기에게 소개할 때에는 통제가 필요해요. 우선 반려견에게 애정과 관심을 충분히 보여준 다음, 반려견이 당신과 아기에게 접근하게 하세요. 처음에는 당신이 통제권을 가졌음을 확인시키기 위해 반려견에게 목줄을 채우길 추천해요. 그런 다음, 반려견이 가까이 와서 아기를 보고 냄새를 맡게 하세요. 반려견이 아기의 얼굴에 접근하지 못하게 하고, 아기에게 가까이 다가갔다고 해서 반려견을 혼내지 마세요.

보통의 상호작용

반려견이 아기의 냄새와 소리에 익숙해지고 나면, 목줄을 풀어줘도 좋아요. 상호작용을 할 때에는 언제나 아기를 높은 곳에 두고 반려견과 떨어뜨려두세요. 지켜보는 사람이 없을 때에는 아기를 절대 반려견과 함께 두지 마세요.

누구의 장난감인가요?

만약 반려견이 아기의 장난감을 가져간다면 절대로 반려견을 혼내거나 장난감을 빼앗지 마세요. 그 대신, 여분의 강아지 장난감을 손에 들고, 만약 강아지가 아기 장난감을 가지고 오면 그저 그것을 강아지 장난감으로 바꿔주세요.

강아지 입맞춤

가끔씩 반려견이 아기에게 살짝 입맞춤을 시도할 거예요. 너무 흥분하지는 말고, 그렇게 하지 못하게 막는 것이 좋아요. 반려견이 아기에게 세균을 옮길 가능성은 적지만, 아기가 너무 어릴 때에는 조심해서 나쁠 건 없지요.

반려견과 아기

기어다니는 아기

반려견과 비슷한 높이에서 기어다니는 아기를 보면 반려견은 호기심이 생길 거예요. 반려견이 아이를 밟거나 긁거나 아이 쪽으로 가지 못하게 항상 조심하세요. 절대 아기 혼자 강아지와 함께 남겨두지 마세요.

아기는 서툴러요

아기 역시 반려동물에게 관심을 보이겠지만, 반려동물과 부드럽게 소통하는 법을 배워야 해요. 처음에는 당연히 서툴러요. 아이가 반려견을 밟고 반려견의 털이나 꼬리를 잡아당기면 반려견이 달려들어 물거나 으르렁댈 수 있으므로 아이가 그러지 못하게 조심스럽게 막아야 할 거예요.

아이의 손을 잡고 반려견을 쓰다듬거나 반려견과 소통하는 적절한 방법을 보여주세요. "살살, 살살, 살살" 하고 말로 충분히 설명해주는 것도 꼭 필요해요.

반려견과 아기 방

일반적으로, 반려견이 아기 방에 들어가지 못하게 하세요. 반려견은 그곳에 들어갈 필요가 없으니까요. 안전문을 달거나 문을 닫아두세요. 이는 반려견이 호기심에 아기 침대나 기저귀 교환대로 뛰어오르려고 시도한다면 더욱 필수적이에요.

반려견과 식사 시간

반려견이 아기를 긍정적으로 생각하도록 하기 위해 당신이 할 수 있는 일이 있어요. 아이가 유아용 식탁 의자에 앉아 있고 음식이 바닥에 떨어지면, 강아지가 먹도록 놔두세요. 아기는 식사 때마다 거의 매번 음식을 떨어뜨리므로, 반려견은 곧 아기의 식사 시간을 자신의 식사 시간만큼 기다리게 될 거예요.

주의사항

궁극적인 목표는 안전이에요. 우리는 반려동물과 아이가 안전하게 서로 잘 적응하길 원해요. 언제나 잘 지켜보면서 아이와 반려동물의 상호작용을 제어하는 것이 현명해요. 아무리 순한 반려견이라도 사고는 날 수 있으므로, 지나치다 싶을 만큼 조심하는 것이 현명하다는 사실을 명심하세요.

청소용품

대부분의 가정용 청소용품은 아기의 출생 전과 후 모두 아기에게 해로울 수 있어요. 이러한 화학제품에 노출되는 것을 제한하고, 이러한 제품을 사용해야 할 때에는 보호 조치를 취해야 해요.

다음 성분이 포함된 제품을 피하세요

염소	황산수소나트륨	페놀	크레솔
포름알데히드	프탈레이트	차아염소산나트륨	1,4-디옥산
용제	비스페놀	노닐페놀	불소
암모니아	메톡시클로르	에톡실레이트	염산

간단한 팁

모든 가정용 청소용품은 아이의 손에 닿지 않도록 캐비닛 안의 높은 선반에 넣어 문을 잠가둬야 해요.

가정용 세제를 직접 만들어보세요

식초와 물

식초의 산성이 기름기를 없애고 표면을 소독하는 데 도움이 될 수 있어요. 단 석재에 사용하는 것은 광택을 없애 수 있어서 바람직하지 않아요.

증류수 3분의 1컵

백식초 3분의 2컵

액체 세제 약간

베이킹소다

이 무독성의 청소용품은 표면에 생긴 없애기 어려운 얼룩을 제거하는 데 좋아요. 오븐, 샤워실, 변기 등을 청소할 때, 베이킹소다가 그 모든 것을 처리해줄 수 있어요. 베이킹소다를 과산화수소와 섞어서 사용하면 각종 찌꺼기와 때, 세제 잔여물 등을 문질러 없앨 수 있어요.

과산화수소

과산화수소는 다양한 것을 깨끗이 하는 데 사용될 수 있어요. 마치 표백제 같지만 환경에 더 좋아요. 만약 얼룩을 지우거나 표면을 소독하거나 각종 곰팡이를 제거하는 등의 꼼꼼한 청소가 필요하다면 과산화수소가 좋은 선택지가 돼요. 빨래를 하얗게 만들 때에도 사용할 수 있어요.

카스티야 비누

오로지 식물성 기름으로만 만들어진 비누로, 생분해성이며 무독성이에요. 이것을 식초가 들어간 세정액과 동시에 사용하면 지우기 힘든 하얀 자국이 남을 수 있으니 섞어 쓰지 마세요.

직접 만들고 싶지 않다면?

요즘은 무독성이며 환경 친화적인 청소용품을 다양한 옵션으로 판매하고 있어요. 가장 이상적인 제품은 석유가 들어가지 않고 생분해성이며, 인산염이 들어 있지 않은 제품이에요.

"더 안전한 선택"이라고 말할 수 있는 제품들도 많이 있어요. 이러한 제품들이 100% 무독성이거나 환경적으로 안전한 것은 아니지만, 독성이 더 강한 제품보다는 나은 대안이에요. 궁극적으로, 당신과 가족에게 무엇이 최선인지 결정하는 것은 당신의 몫이랍니다.

이제 모험을
시작해보자!

외출

아기와 함께 움직이기

아기와의 외출을 덜 힘들고 더 수월하게 하기 위해
당신이 구비하고 알아야 할 모든 것

꼭 필요한 물품

아기와 이동할 때

기저귀 가방

기저귀 가방은 당신이 짧은 시간 동안 외출할 때 아기를 돌보는 데 필요한 모든 것을 넣고 다닐 만큼 충분히 큰 공간과 많은 주머니가 있는 보관용 가방이에요.

카시트

아동용 카시트는 충돌 사고가 일어났을 때 아이를 보호하기 위해 특별히 제작된 제품이에요. 5점식 벨트(어깨 벨트 2개, 허리 벨트 2개, 다리 사이 벨트 1개)와, 측면 충격으로부터 보호하기 위해 머리 쪽에 충전재가 들어 있는 제품으로 알아보세요. 이상적으로는 아이가 성장하면서 크기를 조절할 수 있고 최근 자동차의 래치(LATCH) 시스템(아동용 카시트 설치를 돕기 위한 장치-옮긴이)과 호환될 수 있어야 해요.

유모차

아이를 이동시키기 위해 꼭 필요한 외출용품이에요. 유모차에는 다양한 종류가 있어요. 자신의 목적과 예산에 맞게 선택하세요.

휴대용 아기 침대와 울타리

이동을 위해 접을 수 있는 가구. 부모나 보호자가 아이 근처에서 잠깐 다른 일을 하는 동안 아이가 문제를 일으키지 않도록 어린아이를 넣어두는 공간을 만들어줘요.

아기 카시트 후방 거울

거울은 당신이 운전하는 동안 아이의 카시트가 자동차 뒤쪽을 향해 있어도 아이를 지켜볼 수 있게 해줘요. 이것은 잘 깨지지 않고 조절 가능하며 설치하기 쉬워야 해요.

디지털 기기

휴대폰이든 태블릿이든 컴퓨터든, 연령에 적합한 콘텐츠를 재생해줄 장치를 구비하는 것은 이동하는 동안 아이를 바쁘게 하는 좋은 방법이에요.

배낭

여행 갈 때 주머니가 많이 달린 배낭을 가져가면, 특히 비행기로 이동할 때와 같이 손이 자유로워야 할 때 매우 유용해요.

자외선 차단제

최소 SPF 50 이상의 폭넓은 효능을 지닌 자외선 차단제를 선택하세요. 산화아연이나 산화티타늄과 같은 저자극성 성분이 들어가야 해요.

꼭 맞는 제품으로 준비하세요!

Simplestbaby.com에 접속하여 가장 똑똑한 아기용품 및 필수품 추천 목록을 확인하세요.

기저귀 가방에 넣어야 할 물건

목록

- 기저귀 3~4개
- 젖병 1개
- 간식 2개
- 빨대컵 1개
- 휴대용 기저귀 갈이용 패드 1개
- 물티슈 1팩
- 비닐봉지 2~3개
- 기저귀 발진 연고 1개
- 아기 손수건 1개
- 손 소독제 1개
- 아기 위생 관리용품 세트 1개 (손톱깎이, 빗, 손톱 줄)
- 여벌 옷 1개
- 아기 모자 1개
- 아기 장난감 2~3개
- 쪽쪽이 1개와 치발기 1개
- 자외선 차단제 1개
- 담요나 속싸개 1개
- 긴급 상황 정보 목록 1개
- 구급상자 1개
- 아동용 타이레놀 또는 이부프로펜 1개

만약 모유 수유 중이라면

- 수유 가리개 1개
- 수유 패드 2개

아빠의 꿀팁

상하기 쉬운 음식만 빼고
나머지 모든 물건을 넣어 기저귀 가방을
미리 싸서 준비해두면 유용해요.
이는 시간을 정말 많이 절약해줘요.
당신이 갈아입을 여벌의 옷을
챙기는 것도 좋아요.

꼭 맞는 제품으로 준비하세요!

Simplestbaby.com에 접속하여 가장 똑똑한 아기용품 및 필수품 추천 목록을 확인하세요.

유모차

알아두세요

당신에게 무조건 필요하게 될 한 가지가 유모차예요. 유모차에는 다양한 종류가 있어요. 당신에게 가장 잘 맞는 유모차를 찾도록 돕기 위한 분류를 보여드릴게요.

유모차의 종류

디럭스 유모차

이것은 유모차 중에서 튼튼하고 견고한 종류예요. 무게는 7~14kg 가량 나가며, 대부분 편리하고 편안한 다양한 기능이 딸려 있어요. 출생 직후부터 유아기까지 사용 가능해요. 더 수월한 조종을 위해 대체로 앞쪽에 더 작은 바퀴 두 개가 달려 있고, 안정성을 위해 뒤에는 큰 바퀴 두 개가 달려 있어요.

휴대용 유모차

휴대용 유모차는 작고 여행하기 좋은 사이즈로 접을 수 있는 기능에서 이름을 따왔어요. 보통 무게가 7kg 이하로 나가요. 간단한 외출용으로 좋아요.

조깅 유모차

달리거나 걷거나 하이킹을 할 때 아기를 데리고 다닐 용도로 만들어졌어요. 보통 우수한 현가 장치(노면의 충격이 차체나 탑승자에게 전달되지 않게 충격을 완화하는 장치 - 옮긴이)가 장착돼 있어요. 바퀴는 세 개가 달려 있으며 앞바퀴는 좌우로 움직이지 않게 고정돼 있어요. 대부분 발로 밟는 브레이크뿐만 아니라 핸드브레이크도 있어요. 일반적으로 사이즈가 큰 공기주입식 타이어가 사용돼요. 대부분 달리기나 조깅을 더욱 편안하게 만들어주기 위한 몇 가지 배치로 조정할 수 있는 핸들도 있답니다.

2인용 유모차

쌍둥이나 나이가 비슷한 두 아이를 위한 두 개의 시트로 이루어진 유모차예요. 한 아이가 다른 아이의 뒤에 타는직렬형과 나란히 타는 병렬형의 두 종류로 나와요.

카시트 운반용 유모차

경량의 틀로 이뤄진 장치예요. 카시트를 싣고 다니다가 유모차로 전환하도록 설계됐어요.

바구니 카시트 유모차

이 유모차는 유모차와 카시트를 하나로 결합한 종류예요. 두 가지 기능을 합치기 위한 목적으로 설계됐어요. 신생아용 카시트는 유모차 틀에 끼워지며, 카시트 설치대와 함께 나와요.

꼭 맞는 제품으로 준비하세요!

Simplestbaby.com에 접속하여 가장 똑똑한 아기용품 및 필수품 추천 목록을 확인하세요.

자동차로 여행하기

자동차 여행 기본사항

단거리든 장거리든 자동차로 여행할 때, 움푹 파인 곳을 피하면서 순조롭게 달리기 위한 몇 가지 팁을 알려드릴게요.

자동차 여행을 잘 해내기 위한 팁

차를 준비시키세요

당신의 자동차가 안전하고 준비가 됐는지 미리 확인하세요. 연료 탱크를 채워두고, 타이어 공기압을 점검하고, 필요하다면 엔진 오일을 교환하고, 당신이 필요한 모든 장비를 미리 싸두세요.

작게 시작하세요

어린아이와 떠나는 여행은 단기로 하세요. 아이가 자랄수록 시야도 넓어지면서 차에서 더 긴 시간을 보낼 수 있게 될 거예요.

자주 멈추세요

여행 전에 어느 휴게소에 들를지 정하세요. 이렇게 하면 아이를 즐겁게 해줄 만한 휴게소를 고를 수 있어요. 두세 시간마다 멈출 준비를 하세요. 아기의 식사 시간 언저리에 맞춰서 휴게소에 들르도록 일정을 짜고 싶을 거예요.

뒷좌석에 타세요

다른 어른과 함께 여행하고 있다면 여행의 일부분만이라도 어른 한 명씩 돌아가면서 뒷좌석에 타는 것이 도움이 돼요.

간식을 포장하세요

자동차 여행 동안 아기가 먹을 젖병과 이동하는 길에 먹을 간식, 음료수 등이 담긴 보냉 가방을 챙기세요.

장난감과 게임을 가져가세요

아이를 즐겁게 해줄 장난감과 게임을 잔뜩 가져가세요.

모든 것을 챙기세요

여벌의 옷, 여분의 기저귀, 음료수, 자외선 차단제, 방충제, 약, 음식, 물, 신발, 담요, 그리고 많은 물티슈를 넣어 기저귀 가방을 잘 꾸리세요. 또는 잘 꾸려진 작은 아기 가방을 차에 실어두세요.

가까운 곳에 두세요

장난감, 젖병, 빨대컵, 쪽쪽이, 간식 등 필요하게 될 모든 필수품을 당신과 가까운 곳에 두세요. 최악의 상황은 그러한 물건을 찾으려고 짐을 뒤져야 하거나 차를 멈춰야 하는 것이에요.

음악을 틀어주세요

음악은 가족끼리 자동차 여행을 하는 동안 아이를 계속 기분 좋고 즐겁게 해주는 좋은 방법일 거예요. 아이와 함께 노래를 부르면 더 좋아요.

디지털 오락물을 제공하세요

당신이 집에서 아이에게 텔레비전이나 영상을 보여주지 않는다 하더라도, 어린 아기와 자동차 여행을 할 때에는 이를 고려해보는 것이 좋아요.

여분의 비닐봉지와 옷을 가져가세요

기저귀나 옷이 더러워져서 여분의 옷이나 기저귀가 언제 필요하게 될지 몰라요.

아기 띠를 챙기세요

다른 자녀를 도우려면 손이 자유로워야 할 수도 있으므로, 여행할 때에는 아기 띠가 유용해요. 유모차를 사용하기 어렵게 만드는 계단이나 언덕이 있을지도 모르니까요.

야간 운전을 생각해보세요

아기가 잠들어 있을 야간에 운전하는 것을 고려해보세요. 더 긴 시간 동안 휴게소에 들를 필요 없이 운전할 수 있을 거예요.

침착함을 유지하세요

서로 인내심을 가지세요. 당신의 인내심을 시험할 일이 불가피하게 일어나겠지만 너무 좌절하는 것은 누구에게도 더 나은 상황을 만들지 못할 거예요.

차량 햇빛가리개를 제공하세요

아이에게서 햇빛을 가려줘서 낮잠을 자도록 돕는 햇빛가리개가 매우 유용할 수 있어요.

카시트

자동차 필수품

아기와 함께 병원을 떠나려면 차에 카시트가 설치돼 있는 것이 필수 조건이에요. 한국의 도로교통법에 따르면 6세 미만의 유아가 자동차에 탈 때에는 카시트와 같은 유아보호용장구를 반드시 착용해야 해요.

카시트란?

차량 충돌이 일어났을 때 아이들을 부상이나 사망으로부터 보호하기 위해 특별히 제작된 시트예요.

카시트의 종류

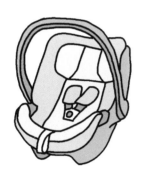

영아용 바구니형 카시트나
영아용 카시트(다용도)

이 카시트는 차 안에 있는 설치대에 결합하거나 특정 유모차나 유모차 틀에 끼울 수도 있다는 점에서 여행 장비 기능을 해요. 차 뒷면을 보는 자세로만 사용되게 만들어졌으며 아기가 태어나서부터 약 2세까지 사용하기 적절해요. 이것은 바구니처럼 들고 다닐 수도 있어서 더욱 편리해요. 또한 설치대를 여러 개 구입하여 여러 대의 차에서 사용할 수도 있어요.

컨버터블 카시트
(차 안에서만 사용)

이 종류의 카시트는 아이의 성장에 따라 사용 방식도 달라져요. 신생아 시기에는 차 뒤쪽을 보는 자세로 사용되다가 아이가 성장하면 앞을 보는 자세로 바꿔서 사용돼요. 카시트가 앞쪽을 향할 때에는 다양한 벨트 방식을 사용하며 뒤쪽을 향할 때에는 래치 벨트 방식을 사용해요. 어떤 제품은 아이가 성장함에 따라 부스터 카시트(차량 좌석 위에 올려놓아 아이의 앉은키를 높여주는 보조 카시트 - 옮긴이)로도 개조돼요. 이러한 카시트는 휴대할 수 없으며 차 안에 설치해둬야 해요.

살펴봐야 할 것

카시트를 구매할 때에는 고려하고 살펴봐야 할 몇 가지 중요한 사항이 있어요.

측면 충격 보호대

아기의 머리 양 옆쪽에 추가로 폼패드나 에어패드가 있는지 살펴보세요.

세척이 용이함

절대 중고로 구입하지 마세요

쉽게 조절되는 안전벨트

5점식 안전벨트

어깨 벨트 2개, 허리 벨트 2개, 다리 사이 벨트 1개가 가운데에서 만나요.

래치(LATCH) 시스템

래치 시스템과 맞물리는 안전벨트 방식.

적절한 사이즈

카시트에 있는 상표를 읽어보고 카시트의 무게와 높이, 연령 제한이 아이와 맞는지 확인하세요.

꼭 맞는 제품으로 준비하세요!

Simplestbaby.com에 접속하여 가장 똑똑한 아기용품 및 필수품 추천 목록을 확인하세요.

래치 시스템

뒤보기 카시트 벨트 방식

래치(LATCH) 시스템이란?

'어린이를 위한 낮은 앵커와 테더(Lower Anchors and Tethers for Children)'를 의미해요. 즉 차량 좌석의 전용 금속 앵커에 연결된 아동용 카시트의 벨트를 이용하여 카시트를 차량에 고정시키는 방식이에요.

래치 시스템은 2002년 이후로 제조된 대부분의 차량과 카시트에서 찾을 수 있어요.

주의사항

카시트를 래치 시스템에 따라 설치하는 방법에 대한 설명은 카시트 사용설명서에 제공되거나 카시트 측면에 기재돼 있을 거예요. 적절한 설치를 위해 당신이 구매한 카시트의 사용설명서를 따르도록 하세요.

래치 시스템 벨트 장치

위치와 작동 원리

뒤보기 카시트 벨트

차량의 래치 시스템 장치는
뒷좌석 쿠션과 등받이 사이에 있어요.
이 금속 걸쇠는
뒤보기 카시트의 앵커 벨트를 위한
앵커 포인트예요.

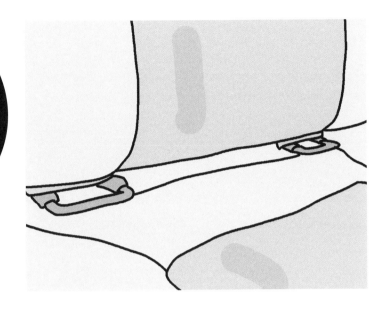

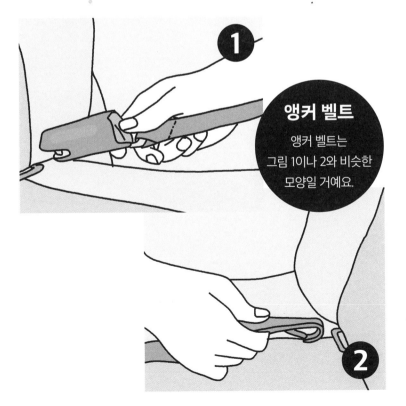

앵커 벨트

앵커 벨트는
그림 1이나 2와 비슷한
모양일 거예요.

조이고 풀기

앵커 벨트가 앵커 포인트에 부착되고 나면, 벨트를 당겨 조이세요. 벨트를 조일 때 카시트에 체중을 실으면 꼭 맞게 설치하는 데 도움이 돼요. 설치가 되고 나면, 설치대나 카시트는 좌우로 약 2.5cm 이상 움직이면 안 돼요. 만약 그 이상 움직인다면 충분히 안전하지 않아요.

공공장소에서의 모유 수유

공공장소에서의 모유 수유는 한국과 미국 모두 합법이에요. 여성은 집 밖에서 모유 수유를 할 권리가 있어요. 그뿐만 아니라 환자보호 및 부담적정보험법(오바마케어-옮긴이)은 고용주가 수유를 하는 어머니를 위해 적정한 휴식 시간을 제공하도록 하고 있어요.

간단한 팁

아이가 신경질적인 상태가 되기 전에 수유하세요. 목적지에 도착하면 모유 수유를 할 수 있는 편안한 장소가 있는지 살펴보세요.

공공장소에서 모유 수유를 할 때의 팁

연습, 연습, 또 연습하세요

외출하기 전에 집 안의 거울 앞에서 연습해보면서 모유 수유를 하는 동안 자신이 어떻게 보이는지 확인해보세요. 당신이 가슴을 노출하는지 확인할 수 있고, 따라서 공공장소에서 수유하기 전에 필요하다면 매무새를 조정할 수 있을 거예요. 이는 또한 당신이 수유 브라를 사용한다면, 한 손으로 브라를 푸는 것을 집에서 먼저 연습할 수 있어서 유용해요.

미리 계획하세요

수유하기 좋은 장소 목록을 미리 만들어두면 수유할 수 있는 곳을 파악할 수 있어서 좋아요. 편안하면서도 남의 눈에 덜 띄는 장소를 찾아두세요. 기저귀 가방 안에 아기 손수건, 담요, 물티슈, 물 등 수유에 필요한 모든 것이 들어 있는지 확인하세요.

성공을 위한 복장

공공장소에서 모유 수유를 할 때 입을 옷에 관해서라면 다양한 선택지가 있어요. 좋은 선택지 몇 가지를 들자면, 상하의가 분리된 복장, 앞쪽을 열어서 벗는 랩 형식의 원피스, 아래에서 위로 단추를 잠그거나, 덮개를 들어 올리거나 측면으로 당겨서 쉽게 열 수 있는 수유용 상의나 셔츠가 있어요. 또한 수유 가리개나 간단한 숄이나 판초를 모유 수유를 할 때 사용해볼 수도 있어요.

적절한 브라를 선택하세요

신축성 있는 스포츠 브라나 수유 브라가 뒤에서 잠그는 일반 브라보다 더 쉽게 접근할 수 있으므로 더 좋은 선택이에요.

대응을 미리 준비하세요

누군가와 맞서게 되면 어떻게 대응할지 미리 준비하세요. 당신에게는 모유 수유를 할 권리가 있음을 명심하면서 처음에는 웃는 얼굴로 긍정적이고 낙관적인 태도를 유지하세요. 상황이 심각해져 누군가가 당신에게 다른 곳으로 이동하거나 수유하는 모습을 가리라고 요구한다면, 특히 당신이 자신과 아기를 잘 가리려고 이미 노력하고 있었다면, 미리 준비한 대로 친절하게 대응하세요.

식당과 아기

아이와 외식 해내기

아이를 식당에 데려가는 일은 특히나 처음인 경우라면 굉장히 스트레스 받는 일이 될 수 있어요. 아이가 자제력을 잃지는 않을까? 아이가 과연 가만히 앉아 있을까? 사람들이 나를 나쁜 부모로 보지는 않을까? 무엇보다도 이렇게까지 할 필요가 있을까?

외식을 해내기 위한 팁

예약을 하세요
신경질적인 아이를 데리고 줄을 서는 것은 유쾌한 경험은 아니에요.

일찍 식사하세요
일찍 식사하면 식당에 사람이 적을 것이고, 사람들 앞에서 아이가 자제력을 잃을 가능성도 적어져요.

스트레스를 해소해주세요
외출하기 전에 아이가 흥분하지 않는다면 도움이 돼요.

간식을 가져가세요
주문한 음식이 나올 때까지 기다려야 할 경우를 대비해 간식이나 음식을 조금 준비해 가는 것이 도움이 될 거예요.

빵을 드세요
적당한 때에 빵 한 조각을 먹는 것은 음식이 나오기 전에 시간을 때우는 데 큰 도움이 될 수 있어요.

빨리 주문하세요
만약 당신이 전채 요리만 주문한다 하더라도, 주문은 빨리 할수록 더 좋아요.

계산서를 빨리 받으세요
아직 식사를 하는 동안, 아이가 기다리지 않도록 계산서를 미리 요청하는 것이 좋아요.

기저귀 가방을 가져가세요

잘 꾸려진 기저귀 가방을 가까운 곳에 두는 것이 매우 중요해요.

적절한 자리를 고르세요

좋은 자리를 선택하면 도움이 돼요. 출구 근처에 앉거나 사람들과 떨어진 구석 자리에 앉으세요. 당신에게 필요한 모든 것을 위한 공간이 생기도록 테이블이 충분히 큰지 확인하세요.

적절한 식당을 고르세요

아동 친화적 식당을 선택하도록 하세요. 미슐랭 스타를 부여받은 레스토랑보다 편안한 분위기의 식당이 더 좋은 선택이에요.

서두르세요

오래 머물지 마세요. 작은 천사는 눈 깜짝할 사이에 작은 악마로 변할 수 있으니, 오랫동안 분위기를 즐기리라는 기대는 실현 가능성이 없을 거예요.

비디오를 준비하세요

남들이 뭐라 하든지 간에 디지털 콘텐츠나 각종 영상은 아이와 함께 외식할 때마다 실질적인 구세주가 되어주지요.

팁을 후하게 주세요

아이가 테이블과 의자, 바닥, 자신과 가까운 어느 곳이든 어질러놓았다면 종업원에게 팁을 후하게 주는 것도 좋아요.

아빠의 꿀팁

아마 십중팔구, 당신의 첫 외출은 매우 고될 거예요. 외출을 짧게 하고, 상황이 감당할 수 없게 되면 그 자리를 떠날 준비를 하세요. 이러한 경험을 당신과 아기를 위한 연습이라고 생각하세요.

비행기 여행

당신이 알아야 할 모든 것

모두가 보기 싫어하는 그런 부모, 아기를 안고 있는 부모가 되는 것이 두렵나요? 당신은 혼자가 아니에요. 우리는 모두 이러한 두려움을 지니고 있어요. 아이와 함께 비행기에 타는 것은 힘들어요! 스트레스 없는 비행 경험 같은 것은 없답니다. 더 평온한 비행을 위해 알아야 할 몇 가지 사항과 아이디어가 있어요.

제한 사항

대부분의 항공사는 비행기에 탑승할 수 있는 아기의 나이에 제한이 있어요. 일반적으로 말하자면 주요 항공사들은 여행 전에 아기가 적어도 2~8일은 되어야 한다고 요구해요. 생후 7일 미만의 아기에게 비행기 탑승을 허용하는 항공사는 대체로 의료기록이나 아이가 비행기에 탑승해도 괜찮다는 의사의 확인서를 요구해요. 항공사에 특정한 요구사항이 있는지 문의해보세요.

장거리 비행

장거리나 국제선 비행을 할 때에는 아기가 아직 아기 침대에 맞는다면 기내용 아기 침대가 딸린 좌석을 요청하는 것이 좋아요.

아빠의 꿀팁

여행을 미리 계획하는 것의 중요성은 아무리 강조해도 부족해요. 믿어보세요. 예상치 못한 상황이 생길 것이고, 당신은 미리 생각하고 준비했다는 사실에 감사하게 될 거예요.

아기와 비행기 여행에서 살아남기 위한 팁

아기를 위한 휴대용 여행 가방

배낭 형태의 휴대용 기저귀 가방을 사용하면 손이 보다 자유로워요. 모든 필수품이 잘 들어 있는지 확인하세요.

카시트를 위한 계획

영유아는 공항으로 갔다 오는 동안 반드시 카시트에 탑승해야 해요. 카시트 문제를 처리하는 방법이 몇 가지 있어요.

> 1. 택시나 렌터카에 실을 카시트를 직접 가져오세요.
> 2. 렌터카 업체에 연락하여 카시트를 제공해주는지 확인하세요.

만약 당신의 카시트를 비행기에 가지고 탄다면 미연방항공청(FAA)의 승인을 받은 카시트인지 확인하는 것을 권장해요. 또한 비행기에 카시트를 설치하는 방법을 잘 알고 있어야 하는데, 이는 카시트 사용설명서에서 찾을 수 있어요.

유모차를 가져가세요

가벼운 접이식 유모차나 카시트와 함께 사용하도록 만들어진 유모차를 가져가세요. 아기를 태우고 돌아다닐 유모차를 가져가는 것은 필수예요. 작은 아기라도 오랜 시간 안고 다니다 보면 아무리 강한 팔이라도 떨어져 나갈 거예요.

직항으로 예약하세요

비행기 환승을 최소로 하세요. 만약 목적지까지 비행기를 여러 차례 환승해야 한다면 항공편 사이에 충분한 시간을 두세요. 비행기에 탑승하려고 뛰는 것은 당신도 힘들겠지만 아이에게 특히 더 힘들어요.

화장실에 들르세요

비행기에 탑승하기 전에 마지막으로 한 번 더 화장실에 들르세요.

모든 것을 소독하세요

소독 물티슈를 기내에 가져가서 좌석, 안전벨트, 접이식 테이블 등 아기가 손댈 만한 **모든 것**을 닦으세요.

자신에게 시간을 주세요

서두르지 않도록 스스로에게 **충분한 시간**을 주세요. 공항에 여유롭게 도착해서 시간에 쫓기는 일 없이 체크인을 하고, 보안검색대를 통과하고, 필요한 모든 일을 하세요.

비닐봉지를 가져가세요

지저분한 사태가 일어나서 더러운 옷이나 물건을 가방에 넣어야 할 경우를 대비해 비닐 지퍼백을 가져가세요.

비행기 여행

아기와 함께 비행하는 일에 대한 더 많은 팁

사전 탑승 서비스를 이용하세요

다른 사람들보다 먼저 탑승하는 것은 아주 유용해요. 일행이 있다면 일행이 먼저 탑승하여 짐을 싣고, 모든 것을 닦아놓고, 준비해놓을 수 있는지 알아보세요. 당신이 탑승할 때면 모든 것이 준비가 되어 있을 것이고, 아기는 다른 사람들이 탑승하도록 30분 넘게 앉아서 기다리지 않아도 되겠지요.

아기 좌석을 구입하세요

아기 나이가 많을수록 아기 좌석이 있으면 더 좋아요. 그것은 당신과 가족에게 몸을 뻗을 수 있는 공간을 더 주니까요.

짐을 적당히 싸세요

분유, 기저귀, 아기 음식, 간식은 두 배 정도로 넉넉히 가져가세요. 나머지 물건은 너무 많이 넣지 마세요.

게이트에서 장비를 확인하세요

대부분의 항공사는 유모차와 카시트를 무료로 위탁하거나 탑승구에서 맡길 수 있어요. 그저 탑승 전 승무원에게 게이트 체크인 태그를 요구하면 돼요. 각 항공사의 규정을 확인하세요.

휴대용 아기 침대 / 아기 울타리를 가져오세요

아기가 잠을 자고 놀 수 있는 안전한 장소. 당신 것을 가지고 와도 좋고 비행 전 미리 부쳐도 좋아요.

아기에게 편안한 옷을 여러 겹 입히세요

기내 온도는 찌는 듯이 덥다가도 추워지는 등 변화무쌍해요. 아기 옷은 편안하고 갈아입기 쉬운 복장으로 선택하세요. 모유 수유를 하는 엄마도 옷을 여러 겹으로 입으면 도움이 돼요.

아기 약을 챙기세요

아기에게 필요할지도 모를, 처방전 약과 처방전 없이도 살 수 있는 약들을 챙기세요.

귀를 보호하세요

빨거나 씹는 동작은 기내 기압 변화로 인한 잠재적 귀 통증을 완화하는 데 도움이 돼요. 이착륙 동안 아기에게 젖병과 빨대컵, 쪽쪽이를 주세요.

아이패드를 가져가세요

재미있는 콘텐츠를 미리 설치하고 준비해두면 굉장히 유용해요. 미리 설치해두어야 하는 어플이 있는지 확인하세요. 기내에서 와이파이가 터지리라고 생각하지 마세요.

아빠의 꿀팁

일반 기저귀 가방 대신 주머니가 더 많은 배낭을 사용하면 앞으로 해야 할 모든 일에 대비해 손을 자유롭게 유지하는 데 도움이 될 거예요.

짐을 미리 싸두세요

짐 쌀 준비를 여행 며칠 전부터 시작하세요. 가져가야 할 물건 목록을 틈틈이 작성하거나 테이블이나 서랍장 위에 물건을 펼쳐놓으세요.

필요한 서류를 미리 챙겨두세요

비행기를 탈 때, 특히 아기의 성이 다르거나, 다른 인종으로 보이거나, LGBTQ 가정이라면, 아기의 여행 관련 서류를 가지고 있어야 해요. 이러한 서류에는 출생증명서, 여권, 혹은 병원 관련 기록 등이 있어요.

여벌의 옷을 챙기세요

비행 중에 예상치 못한 구토가 있을 경우에 대비하여, 휴대용 가방에 당신과 아기를 위한 여벌의 옷을 챙겨두세요.

우대 서비스를 이용하세요

무조건 이용할 만한 가치가 있어요. 예를 들어 인천국제공항은 만 7세 미만의 아이를 비롯한 교통약자가 편리하게 출국할 수 있도록 출국 우대 서비스를 제공하고 있어요.

젖병을 미리 준비하세요

분유를 미리 계량하여 소분해서 챙기고 분유를 탈 물 한두 병을 공항에서 구입하세요.

손을 비우세요

공항 안에서는 아기 띠를 이용해 아기를 데리고 다니는 것을 고려해보세요. 이는 가장 중요한 두 손을 자유롭게 유지하도록 도와줄 거예요.

휴대용 여행 가방

기저귀 가방은 쇼핑이나 공원 산책과 같이 짧게 돌아다니고 오는 외출용이지만, 비행기를 타고 여행할 때에는 배낭을 사용하길 추천해요. 짐도 다르게 싸야 해요. 아기 배낭에 넣어야 할 물건의 완벽한 목록이 여기 있어요.

배낭

평소에 드는 기저귀 가방보다 좋은 배낭에 투자하세요. 여행에 필요한 모든 물건을 훨씬 수월하게 들고 다니게 만들어주거든요. 특히 비행기를 탈 때에는 일어날 다양한 일들을 처리하려면 양손을 최대한 자유롭게 유지할 필요가 있을 거예요.

아기 휴대용 가방 안에 꼭 필요한 물품들

- 기저귀 (필요하리라고 생각하는 것보다 항상 더 많은 양을 챙기세요)
- 아기 물티슈 (아주 많이)
- 소독 티슈 (거의 모든 것을 닦고 소독하기 위해)
- 기저귀 갈이용 패드나 강아지 배변 패드
- 담요
- 불상사를 대비한 비닐봉지
- 아기 손수건
- 기저귀 발진 크림
- 치발기
- 손 소독제
- 휴지
- 귀마개나 아기가 삼킬 수 있는 음식
- 빨대컵
- 장난감과 책
- 아기가 가장 좋아하는 인형
- 아기와 당신을 위한 여벌의 옷 (만약의 사태에 대비하여)
- 분유 (미리 계량하여 소분 포장해 온 분유 분말)
- 진통제 (비상약)
- 소화제 (아기에 따라)
- 필요한 어플이 미리 설치된 아이패드와 헤드폰 (아이의 연령에 따라)
- 간식 (아이의 연령에 따라)
- 턱받이
- 가벼운 수유용품
- 여권
- 목베개
- 쪽쪽이

수하물로 챙겨야 할 물품들

- 당신을 위한 여벌의 옷
- 아동용 샴푸
- 아동용 칫솔과 치약
- 응급처치용품
- 수영복과 방수 기저귀
- 이유식 여러 병
- 콘센트 보호 덮개 (혹은 마스킹 테이프)
- 휴대용 아기 침대나 울타리
- 카시트
- 빗, 솔빗, 손톱깎이
- 아동용 자외선 차단제
- 유축기

아기 여권

알아두고 해야 할 것

여권 사진을 준비하세요

- 아기가 나온 컬러 사진 한 장을 제출하세요.
- 사진은 실물과 같아야 하며 사이즈는 가로 3.5cm, 세로 4.5cm여야 해요.
- 최근 사진이어야 해요.
- 사진에는 아기의 얼굴 전체가 앞모습으로 나와야 하며, 배경은 흰색 무지여야 해요.
- 사진에 다른 사람이 나오면 안 돼요.
- 아기가 똑바로 앉지 못한다면 아기를 흰색 바닥 위에 눕혀놓고 사진을 찍으면 돼요.

처리 기간

아기의 여권 발급에는 대략 2주가 걸려요. 만약 여권을 긴급하게 받아야 하는 상황이라면 DHL을 통해 더 신속한 처리도 가능해요. DHL 여권 긴급 배송 서비스는 인터넷을 통해 예약한 후 약 3만 원(2023년 12월 환율 기준)을 결제하면 이용할 수 있고, 3일에서 일주일 정도 소요돼요.

필요한 서류들

- 전자여권발급신청서

- 여권사진 1매

- 보호자의 신분증

- 법정대리인 동의서

- 가족관계증명서(행정정보공동이용망 확인 가능 시 생략 가능)

- 수수료(26면 3만 원, 58면 3만 3,000원)

주의사항

- 여권은 꼭 방문해서 신청해야 해요. 단 아이는 데려가지 않아도 돼요.

- 법정대리인 동의서는 친권자(부 또는 모) 또는 후견인이 작성해야 해요.

- 법정대리인이 공동친권자라면 공동친권자인 부모 모두의 인적사항을 기입해야 해요.

- 법정대리인이 단독친권자라면 단독친권자만 동의서를 작성하면 돼요.

더 많은 정보를 원한다면 여기로 가보세요:

https://www.passport.go.kr/home/kor/contents.do?menuPos=4

건강한 아기가
곧 행복한 아기예요.

건강

아기를 건강하고 행복하게 유지하기

태어난 아기와 함께 건강 문제들이 발생할 거예요. 우리는 당신이 앞으로 다뤄야 할
흔한 것들 몇 가지와 누군가 말해주었다면 좋았을 다른 것들을 정리했어요.

꼭 필요한 물품들

흔한 아기 건강 문제의 경우

디지털 체온계

두세 가지 종류의 체온계가 필요할 거예요. 3개월 이하의 아기에게는 디지털 직장 체온계가 권장돼요. 아이가 더 자라서 12개월쯤 되면 고막 체온계나 적외선 체온계를 고려해보세요.

콧물흡입기

아기의 코가 막혔을 때, 이 장치가 아기의 코에서 콧물을 제거하게 해줌으로써, 아기가 숨 쉬기 편하게 만드는 데 도움을 줘요.

식염수 스프레이

부비동을 촉촉하게 하고 콧물을 묽게 만드는 식염수는 콧물흡입기로 콧물을 제거하기 쉽게 만들어줘요.

국소항생제

이 약은 화상, 찰과상, 자상의 감염을 방지하는 데 사용되는 항세균제예요.

진통제

이 약은 통증과 열을 완화하는 데 쓰여요. 주치의는 아기를 위한 아세트아미노펜(타이레놀 등)이나 이부프로펜(애드빌, 모트린 등)의 적정 복용량에 대해 이야기해줄 수 있어요.

치발기

아기 치발기는 생후 4~10개월쯤 유치가 나기 시작할 때 아기의 잇몸을 진정시키는 데 사용돼요. 내구성이 좋고 BPA가 없으며, 아이가 움켜쥐기 쉽고 입에 물어도 안전한 치발기 장난감을 찾아보세요.

가스 제거 드롭

이 제품은 공기를 삼키거나 특정 음식과 신생아 분유에 반응하여 발생되는 가스로 인한 증상을 완화하는 데 쓰여요.

유아용 배탈 물약

유아용 배탈 물약은 생강, 회향, 카밀레, 시나몬, 계피와 같은 허브의 자연적 결합으로, 이는 배 속의 과도한 가스에 의해 발생한 복부팽만감을 완화하는 데 도움이 돼요.

프로바이오틱 드롭

아기 프로바이오틱 드롭은 태어났을 때부터 사용할 수 있는, 매일 복용하는 프로바이오틱 보충제예요. 이는 가스와 변비, 배앓이를 완화하도록 도와주는 장 속 균의 균형을 유지하도록 도와줘요.

소독용 거즈 패드

거즈는 주로 면이나 합성섬유로 이뤄진 가볍고 얇으며 성긴 짜임의 직물이에요. 소독용 패드는 특히 경미한 자상과 화상, 찰과상 치료를 비롯해 다양한 의학적 목적으로 사용돼요.

가습기

시원한 분무식 기화기 또는 가습기는 공기 중에 수분을 더해주며, 아기가 코가 막혔을 때 더 편하게 숨 쉬도록 도와줄 수 있어요.

꼭 맞는 제품으로 준비하세요!

Simplestbaby.com에 접속하여 가장 똑똑한 아기용품 및 필수품 추천 목록을 확인하세요.

면역

예방 접종 스케줄

예방 접종은 아기의 건강에 매우 중요하기 때문에, 국가는 아이를 보호하고 예방 가능한 질병의 확산을 피하기 위해 아이에게 예방 접종을 할 것을 권고해요. 예방 접종은 병원에 정기적으로 방문하는 목적 중 하나가 될 거예요. 아래는 질병관리본부가 권장하는 출생 시부터 1세까지의 면역 스케줄이에요. 아기의 예방 접종을 계속 기록하는 것은 우리의 체크리스트와 함께 하면 간단해요.

권장되는 예방 접종 목록 / 접종 시기

이러한 예방 접종 중 몇 가지는 혼합백신의 한 부분임을 명심하세요.

날짜   **출생**

_____ ☐ B형간염 1차

날짜   **2개월**

_____ ☐ 폐렴구균(폐렴쌍구균) 1차

_____ ☐ DPT(디프테리아, 백일해, 파상풍) 1차

_____ ☐ 뇌수막염(헤모필루스 인플루엔자, Hib) 1차

_____ ☐ IPV(소아마비, 폴리오) 1차

_____ ☐ B형간염 2차

_____ ☐ 로타바이러스 1차

간단한 팁

만약 당신이 한 번에 너무 많은 예방 접종을 하는 것이 걱정된다면, 접종 간격을 떨어뜨려달라고 요청해도 돼요.

날짜   **4개월**

_____ ☐ 폐렴구균(폐렴쌍구균) 2차

_____ ☐ DPT(디프테리아, 백일해, 파상풍) 2차

_____ ☐ IPV(소아마비, 폴리오) 2차

_____ ☐ 뇌수막염(헤모필루스 인플루엔자, Hib) 2차

_____ ☐ 로타바이러스 2차

날짜   **6개월**

_____ ☐ 폐렴구균(폐렴쌍구균) 3차

_____ ☐ DPT(디프테리아, 백일해, 파상풍) 3차

_____ ☐ IPV(소아마비, 폴리오) 3차

_____ ☐ 뇌수막염(헤모필루스 인플루엔자, Hib) 3차

_____ ☐ 로타바이러스 3차

_____ ☐ B형간염 3차

_____ ☐ 독감 백신

날짜   **12개월**

_____ ☐ 홍역·볼거리·풍진(MMR)

_____ ☐ 수두

이가 나요

이가 난다는 것은 신생아의 첫 젖니가 나오기 시작하는 과정을 말해요. 아기마다 이가 나는 시기는 다르지만, 대체로 6~8개월쯤에 아래 앞니에 첫 젖니가 올라오기 시작해요.

이가 나려는 징후

- 침 흘림
- 물건을 입에 넣음
- 과민성, 신경질적임, 울음
- 아프거나 민감한 잇몸
- 미열
- 수면 장애
- 잇몸의 부기 또는 염증
- 입 주위 발진
- 볼을 문지르고 귀를 잡아당김

아픈 잇몸을 진정시키기 위한 팁

잇몸을 마사지해주세요
깨끗한 손가락을 이용해 아기의 잇몸을 문지르세요. 압력을 주면 불쾌감을 완화하는 데 도움이 돼요.

차갑게 해주세요
차가운 고무 숟가락이나 차가운 치발기는 아기의 잇몸을 진정시킬 수 있어요. 얼어붙은 치발기는 깨질 수 있으니 아기에게 주지 마세요. 장난감이나 치발기는 연령에 적합하고 BPA가 없으며, 무독성인지 확인하세요.

침을 말리세요
침이 많이 나는 것은 이가 날 때의 증상 중 하나예요. 피부 자극을 예방하려면 깨끗한 손수건을 가까운 곳에 두고 아기의 턱을 말려주세요.

진통제
처방전 없이 살 수 있는 약을 시도해보세요. 만약 아기가 유난히 짜증을 많이 낸다면 아세트아미노펜(타이레놀 등)이나 이부프로펜(애드빌, 모트린 등)이 도움이 될 거예요. 모든 약에 관련해서는 소아과 주치의와 먼저 확인해보세요.

유치 발생 도표

윗니

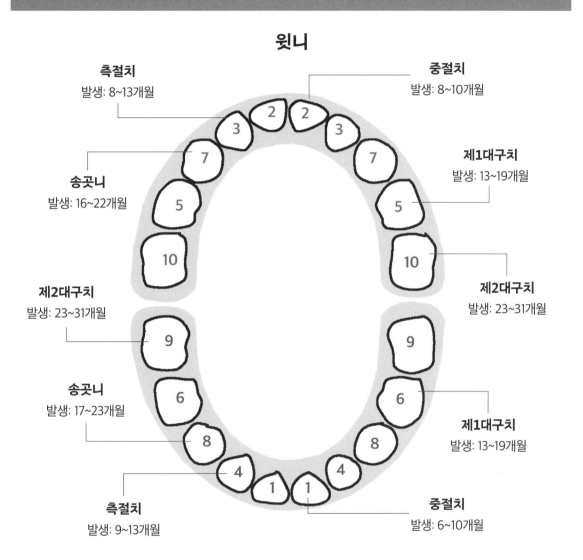

측절치
발생: 8~13개월

중절치
발생: 8~10개월

송곳니
발생: 16~22개월

제1대구치
발생: 13~19개월

제2대구치
발생: 23~31개월

제2대구치
발생: 23~31개월

송곳니
발생: 17~23개월

제1대구치
발생: 13~19개월

측절치
발생: 9~13개월

중절치
발생: 6~10개월

아랫니

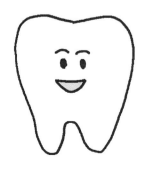

도표를 보면 1부터 10까지 번호가 매겨져 있어요. 1은 일반적으로 가장 먼저 나오는 유치이며, 10이 마지막이에요.

- 아래 앞니 2개는 보통 6~10개월쯤 처음 보여요.
- 위 앞니 2개는 8~10개월쯤 보여요.
- 유치 20개는 30개월까지 완전히 다 올라와요.

황달

우리 아기가 노래요!

황달이란?

신생아 황달은 아기의 피부와 눈의 흰자위가 노랗게 되는 질환이에요. 황달은 매우 흔하며 혈중 빌리루빈이 증가하면서 발생해요. 빌리루빈은 적혈구의 정상적인 파괴에 의해 만들어지는 노란 색소예요. 황달은 38주가 되기 전에 태어난 조산아에게서 더욱 자주 발견돼요.

어떻게 발견되나요?

대체로 병원에 있는 동안 황달의 징후가 있는지 검사를 받게 되며, 또는 주치의의 건강검진 중에 발견되기도 해요.

황달의 원인

- 아기가 충분한 양의 모유를 먹지 못하거나 수유 문제로 인해 분유를 먹고 있어요.

- 아기가 출생 시에 타박상을 입었거나 내출혈이 있어요.

- 아기의 간에 문제가 있어요.

- 아기에게 패혈증이 있어요.

- 아기가 효소결핍이 있어요.

- 아기의 적혈구에 이상이 있어요.

- 아기의 혈액이 엄마의 혈액과 맞지 않아요.

제공된 정보는 전문적인 의료 조언, 진단, 치료의 대안이 아니에요.
당신과 아이에게 적합한 치료인지 확인하려면 항상 주치의나 전문 의료인과 상담하세요.

황달 치료

경도에서 중등도 사이의 황달

신생아 황달은 아기의 간이 발달하여 빌리루빈을 제거하면서 보통 저절로 사라져요. 수유를 자주 하면 아기 몸 속의 빌리루빈 수치를 낮추는 데 도움이 될 수 있어요. 경증은 2~3주 안에 대체로 사라져요.

심한 황달

심한 경우에는 광선치료가 필요한데, 이는 광선을 사용하여 아기 몸속의 빌리루빈을 변형시키는 흔한 치료법 이에요. 아기를 기저귀와 보호용 안대만 착용하게 하고 푸른 빛이 나는 파장 아래 두게 돼요. 아기 아래에는 광 섬유 담요가 깔릴 거예요.

매우 심각한 황달

만약 아기가 매우 심각한 황달 증세를 보인다면 빌리루빈이 뇌로 넘어갈 위험이 있어요. 빌리루빈은 독성이 있 어서 뇌 손상과 뇌성마비, 청각장애를 일으킬 수 있으므로 굉장히 심각할 수 있어요.

이 경우, 아기가 기증자나 혈액은행으로부터 혈액을 받아서 아기의 손상된 혈액을 건강한 적혈구로 교체하는 수혈과 즉각적인 치료가 꼭 필요할 거예요.

유아 지방관

유아 지방관이란?

유아 지방관은 아기의 정수리에 딱지, 혹은 흰색이나 노란색의 기름진 각질을 일으키는 흔하고 무해한 피부 상태를 말해요. 이러한 두꺼운 흰색 또는 노란색의 각질은 아프거나 가렵거나 전염되지 않아요. 유아 지방관은 대개 몇 주나 몇 달 안에 저절로 사라져요.

일반적인 징후

- 정수리 군데군데에 생긴 각질이나 딱지
- 하얗거나 노란 각질이 얇게 뒤덮인 피부
- 약간 붉어질 수도 있음

원인

유아 지방관의 원인은 밝혀지지 않았어요. 한 가지 요인은 아마도 출생 전에 엄마에게서 아기에게로 전달된 호르몬일 거예요. 이러한 호르몬은 모낭과 지방 분비선에 유분이 과다 생성되게 할 수 있어요.

치료

아기의 머리카락을 순하고 무향이며 저자극성인 샴푸로 감겨주세요. 각질을 뜯지 마세요. 부드러운 솔빗으로 살살 제거하세요.

제공된 정보는 전문적인 의료 조언, 진단, 치료의 대안이 아니에요.
당신과 아이에게 적합한 치료인지 확인하려면 항상 주치의나 전문 의료인과 상담하세요.

신생아 여드름

마치 아기가 뾰루지가 나면서 사춘기라도 겪고 있는 것처럼 보이겠지만 그렇지 않아요. 이건 신생아 여드름이에요.

신생아 여드름이란?

신생아 여드름은 얼굴 어디에나 생길 수 있지만 대개 볼과 코, 이마에 작고 빨간 뾰루지가 생기는 피부 상태를 말해요. 일반적으로 출생 후 2~3주쯤에 시작되는 신생아 여드름은 흔하고 일시적인 증상이에요. 이를 예방하는 방법은 거의 없으며, 이는 보통 흉터 없이 저절로 사라져요.

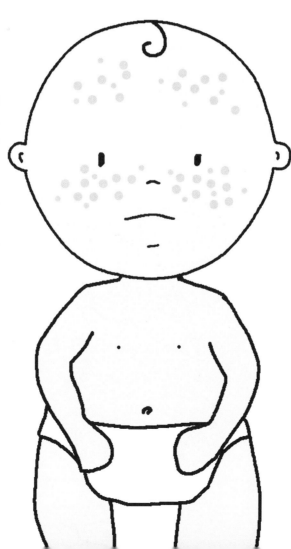

원인

정확한 원인은 분명하지 않지만, 아기의 혈류 안에 모계 호르몬이 여전히 순환하고 있기 때문이라고 여겨져요. 이러한 호르몬은 아기의 피지샘을 자극하여 턱과 이마, 눈꺼풀, 볼(가끔은 두피, 목, 등, 가슴 위쪽)에 여드름을 일으켜요.

치료

여드름을 짜지 마세요.

씻고 말려요
아기의 얼굴을 매일 따뜻한 물과 저자극성 비누로 닦고 두드려 말려서 깨끗하게 유지해요.

모유
모유는 경이로운 천연의 약이에요. 항균성이 있어서 여드름이 발생한 부위에 바르면 상태를 호전시키는 데 도움이 돼요.

의약용 크림
저절로 낫지 않는 경우에는 의약용 크림을 처방받아보세요.

신생아 습진

껍질이 벗겨져요

아이 몸에 붉은 반점이 생기고 피부가 건조하고 가려운 모습을 보면 속상할 수 있지만, 이는 흔하며 치료할 수 있어요.

신생아 습진이란?

아토피성 피부염, 또는 습진은 대체로 피부 표면에 생긴 붉고 딱딱하고 거친 부위로 나타나요. 보통 나이가 들면서 사라져요.

원인

- 가족력
- 피부 장벽 문제로 인해 수분을 잃고 세균이 번식한 경우
- 몸에서 지방 세포를 잘 만들지 못해서 피부에 수분 상실을 일으킴

상태를 악화시키는 요인들

- 따가운 소재의 옷과 향수, 비누
- 낮은 습도와 건조한 공기
- 스트레스
- 열기와 땀
- 알레르기: 특정한 식품 단백질에 알레르기 반응을 보일 때

증상

- 특히 볼과 관절이 접히는 부위, 팔, 다리의 건조하고 껍질이 일어나는 피부

- 붉고 가려운 부위

- 가려움을 없애려고 볼이나 몸의 표면을 문지름

치료와 예방

따뜻한 목욕과 수분 공급

아기를 매일 목욕시키는 것은 피부에 수분을 공급하는 데 도움이 될 수 있지만, 목욕을 10~15분 정도로 짧게 해야 해요. 살살 두드리며 말리고, 피부에 약간의 물기를 남긴 다음, 로션을 발라주세요.

크림과 연고

향이 없고 세라미드 성분이 들어간 로션을 사용하세요. 바셀린과 알볼린은 피부가 수분을 유지하도록 도울 수 있어요. 습진이 발생한 부위에 하루에 몇 차례 수분을 공급해주세요. 얼마나 심한지에 따라 국소 항염증약이나 스테로이드 크림이 처방될 수도 있어요.

저자극성 세제

세탁할 때에는 향기가 없고 저자극성인 세제를 사용하세요. 모든 옷은 잘 세탁한 후 입어야 해요. 만약 건조기를 사용해야 한다면 건조기 시트가 아이 옷에 안전한 제품인지 확인하세요.

비누 사용법

아기를 씻기거나 목욕시킬 때 비누의 사용을 제한하고, 항상 향이 없는 제품을 사용하세요.

적절한 옷을 입히세요

아기가 숨 쉬기 쉬운 헐렁하고 편안한 옷을 입히세요.

벌꿀색 딱지

만약 환부에 찢어진 피부 위로 벌꿀색 딱지가 생긴다면 감염된 것일 수 있으니 의사에게 연락하세요.

제공된 정보는 전문적인 의료 조언, 진단, 치료의 대안이 아니에요.
당신과 아이에게 적합한 치료인지 확인하려면 항상 주치의나 전문 의료인과 상담하세요.

독성 홍반

중독성 홍반이나 신생아 발진이라고도 불려요.

독성 홍반이란?

독성 홍반은 열 달을 다 채우고 나온 신생아의 절반에게 영향을 미치는 흔한 상태예요. 이는 보통 출생 직후에 고름이 가득 찬 여드름이 나는 발진으로 나타났다가 몇 주 내에 저절로 사라져요.

어떻게 발견되나요?

아기의 얼굴과 가슴, 팔, 다리에서 발견돼요. 고름 같은 액체가 가득 찬 작은 요철들이 있는 얼룩덜룩하게 붉은 발진으로 나타나요.

독성 홍반의 원인

원인은 아직 밝혀지지 않았어요.

치료

발진은 5~14일 안에 사라지기 때문에 별도의 치료가 필요하지 않아요. 하지만 만약 증상이 퍼지거나 발진이 심해진다면 의사와 상의하세요.

- 뾰루지를 뜯거나 세게 문질러 씻지 마세요.
- 아기의 얼굴을 순한 무향 비누로 씻어내고 두드리며 말리세요.
- 아기의 얼굴에 로션이나 오일 사용을 피하세요.

제공된 정보는 전문적인 의료 조언, 진단, 치료의 대안이 아니에요.
당신과 아이에게 적합한 치료인지 확인하려면 항상 주치의나 전문 의료인과 상담하세요.

영아 산통

차라리 날 죽여줘!

울음을 멈추지 않는 아이보다 더 최악인 것은 거의 없어요. 이는 부모를 돌아버리기 직전까지 몰고 갈 수 있는 것 중의 하나이기도 해요.

영아 산통이란?

영아 산통은 건강한 아기가 극심하고 과도하게 우는 현상을 나타내는 일반적인 용어예요. 영아 산통은 설명할 수 있는 이유 없이 울음이 시작되며 아기가 슬픔을 가누지 못하는 것처럼 보이기 때문에, 굉장한 좌절감을 줘요.

증상 / 징후

- 오래 지속되는 극심하고 날카로운 소리의 울음
- 명백한 이유 없이 몇 시간 동안 지속되는 울음
- 달래기 불가능함
- 아기가 다리와 팔, 손에 힘을 꽉 주는 모습
- 울음이 잦아든 후에도 극도로 신경질적인 모습
- 늦은 오후나 저녁의 예측 가능한 시간에 시작되는 울음
- 상기되어 붉어진 얼굴

원인

영아 산통의 정확한 원인은 밝혀지지 않았어요. 아마도 다음과 같은 이유일 것으로 추측돼요:
- 미숙한 소화기관
- 젖당 불내성
- 불쾌감과 짜증을 일으키는 호르몬
- 빛, 소음, 자극에 대한 과민성
- 발달 중인 신경계

치료

영아 산통에 대한 분명한 이해가 없기 때문에 확실한 치료법도 없어요. 당신의 아기에게 가장 적합한 해결책을 찾으려면 주치의와 상의하세요.

가스 찬 아기?

아기와 당신 모두의 고통

아기 배 속에 가스가 차면 다루기 힘들 수 있으며 아기에게 상당한 불쾌감과 울음을 유발할 수 있어요. 대부분의 경우, 그것은 아기의 소화기관이 미숙하거나, 수유할 때 공기를 너무 많이 삼켰거나, 젖당 불내성이 있기 때문이에요.

아기가 자라고 발달할수록, 그들의 몸은 음식을 부수고 가스를 더 잘 처리할 수 있게 돼요. 그때까지, 가스를 내보내는 데 도움이 되는 팁과 조언 몇 가지가 있어요.

아기의 배 속에 가득 찬 가스를 완화해주는 팁 8가지

자전거 타기

자전거 타기로 가스를 배출시키도록 해보세요. 앉아 있는 동안, 아기를 평평한 바닥에 똑바로 눕힌 다음, 아기의 다리가 당신을 향하게 하세요. 그런 다음, 마치 자전거를 탈 때처럼 일종의 원을 그리듯이 아기의 다리를 앞뒤로 움직이세요.

적절한 젖병 선택

BPA. BPS, 프탈레이트가 들어 있지 않으면서 기포를 최소화하고 역류 방지에 도움이 되도록 설계된, 또한 공기구멍으로 배앓이를 방지하는 기능이 있는 플라스틱이나 유리 젖병을 사용하세요. 이는 실질적인 도움이 될 거예요. 젖병이 식기세척기 사용이 가능하며 눈금이 선명하게 표시돼 있는지도 확인하세요.

분유 교체

아기가 영아 산통을 겪고 있다고 생각한다면 아기는 실제로 당신이 사용하는 분유를 소화시키는 데 문제가 있는 것일 수 있어요. 민감한 아기를 위해 만들어진 다른 분유를 사용해보세요. 효과가 있는 제품을 찾을 때까지 여러 가지 종류를 시도해봐야 할 거예요. 어떤 분유가 가장 잘 맞는지에 관해 의사와 상의해보세요.

트림 반복

아기를 반복해서 트림시키세요. 분명히 추가적으로 배출되어야 할 가스가 남아 있을 것이고, 다시 트림을 시키면 효과가 있을 거예요.

가스 제거 드롭

이 약품은 배 속에 남은 가스 기포를 터뜨려서 아기가 배출하기 쉽게 만들어줘요. 이 드롭은 아기에게 직접 먹여도 되고 따뜻하게 데운 젖병에 섞어서 줘도 돼요. 모든 종류의 약품 사용에 관해서는 주치의와 상의하세요.

마사지

아기를 똑바로 눕힌 다음, 아기의 아랫배와 복부에 손을 올려놓고 가스 기포가 장관을 따라 움직이는 데 도움이 되도록 시계방향으로 부드럽게 마사지하세요. 아기가 수유를 한 직후에는 마사지하지 마세요.

당신이 먹는 것을 살펴보세요

어떤 경우에는 엄마가 모유 수유를 하고 있다면 아기 배 속에 가스가 차는 현상이 엄마의 식단에 있는 무언가의 결과일 수도 있어요. 일반적으로 아기는 엄마가 무엇을 먹든 괜찮지만, 만약 당신이 특정 음식을 먹었을 때 아기에게 가스가 차는 현상을 발견했다면 그 음식을 피하는 것도 고려해보세요.

무릎 위에서 쓰다듬기

아기를 당신의 무릎 위에 엎드린 자세로 눕히세요. 아기의 머리를 지지해주고 머리가 아기의 가슴보다 높이 있도록 만드세요. 아기의 등을 부드럽게 두드려서 가스를 배출하도록 도와주세요.

아기가 열이 나요

부모가 가장 스트레스 받는 일 중 하나는 아기가 열이 날 때예요. 열은 아기가 질병과 싸우고 있다는 신호예요. 아기에게 열이 있다면, 대부분의 경우, 그것은 아기가 아마도 감기에 걸렸거나 다른 바이러스에 감염됐다는 뜻이에요.

36~37.9℃	**정상 체온**
38℃ 이상	**열**

체온계

미국소아과학회는 아기에게 디지털 직장 체온계를 사용하길 권장해요. 아기의 체온을 잴 때 절대로 수은 체온계를 사용하지 마세요.

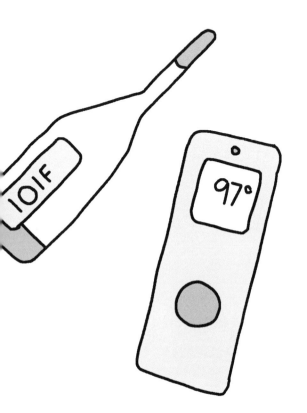

체온계의 종류

직장 체온계 직장에서 측정된 체온. 이는 가장 정확한 체온계이며 생후 3개월 이하인 아기의 체온을 측정할 때 권장되는 방법이에요.

관자놀이 체온계 이마의 체온을 적외선을 이용해 측정하는 비접촉식 체온계예요. 이는 직장 체온계 다음으로 정확하며 3개월 이상의 아이에게 사용하기 좋아요.

고막 체온계 귀에서 측정된 체온. 이는 빠르고 일반적으로 편리하지만 정확한 방법으로 측정하지 않으면 정확도가 떨어져요.

겨드랑이 체온계 겨드랑이에서 측정된 체온. 이는 체온을 측정하는 방법 중 가장 정확도가 낮은 방법이에요.

쪽쪽이 체온계 입으로 측정된 체온. 이것은 쪽쪽이처럼 기능하면서 체온도 측정해줘요. 아기가 자라서 쪽쪽이를 사용하지 않게 되면 추천하지 않아요.

주의사항: 라이증후군의 위험이 있으므로 절대 아기에게 아스피린을 먹이지 마세요. 어떤 종류의 의약품이든 아기에게 주기 전에 반드시 의사와 상의하세요.

아기가 열이 날 때 해야 할 일

- 아기가 3개월 이하인데 열이 난다면 병원에 전화하세요.
- 아기가 3개월 이상이고 의사가 권장한다면 아세트아미노펜(타이레놀)을 주세요.
- 6개월 이상의 아기에게는 의사 처방에 따라 아동용 타이레놀이나 이부프로펜(애드빌이나 모트린)을 먹여도 돼요.
- 아기의 이마에 열패치를 붙여주세요.
- 탈수를 방지하기 위해 아기에게 충분한 유동식을 먹이세요. 유동식은 아기의 연령에 따라 모유와 분유, 전해질 용액, 또는 물이어야 해요.
- 아기를 21~23℃의 시원한 곳에 두세요.
- 아기에게 추가로 입힌 옷을 벗기세요.
- 미지근한 물로 스펀지 목욕을 시켜주세요.
- 가벼운 옷을 여러 겹 입히세요.

병원에 전화해야 할 때

- 아기가 3개월 미만인데 열이 나요.
- 아기가 3~6개월인데 39℃까지 열이 나요.
- 아기가 무기력하고 잠에서 잘 못 깨어나요.
- 아기가 숨 쉬기 힘들어해요.
- 아기가 매우 신경질적이고 짜증을 많이 내요.
- 아기가 식욕이 없어 보이거나 잘 안 먹으려고 해요.
- 아기가 발진이 있어요.
- 아기가 탈수 증세를 보여요.
- 아기가 발작이나 경련 증세를 보여요.

제공된 정보는 전문적인 의료 조언, 진단, 치료의 대안이 아니에요.
당신과 아이에게 적합한 치료인지 확인하려면 항상 주치의나 전문 의료인과 상담하세요.

눈물길 막힘

으, 우리 아기 눈에 이 찐득찐득한 건 뭐지? 당황하지 마세요. 그건 그저 눈물길이 막힌 것뿐이고, 신생아에게서 흔한 증상이에요.

눈물길 막힘이란?

보통 눈물은 눈에서 눈물길을 따라 흘러나오는데, 어떤 아기의 눈물길은 출생 시에 완전히 열리지 않거나 막혀 있어요. 이는 감염에서 생긴 것과 유사해 보이는 분비물을 만들면서 축적을 유발하고 염증이나 자극을 일으킬 수 있어요.

만약 눈이 심하게 충혈된다면 감염을 고려해야 해요. 눈물길 막힘은 대체로 치료 없이 저절로 나아져요.

원인

- 눈물길이 완전히 열리지 않았어요.
- 눈물길이 너무 좁아요.
- 감염이 있어요.
- 비정상적인 뼈 성장이 눈물길을 막고 있어요.

증상

- 눈물을 머금은 눈
- 약간의 충혈과 부어오른 눈꺼풀
- 눈꺼풀이 달라붙게 만드는 딱딱하게 굳은 분비물
- 눈에서 나오는 연두색 분비물

제공된 정보는 전문적인 의료 조언, 진단, 치료의 대안이 아니에요.
당신과 아이에게 적합한 치료인지 확인하려면 항상 주치의나 전문 의료인과 상담하세요.

치료에 관한 팁

닦기

부드러운 손수건이나 코튼볼을 따뜻한 물에 적셔서 콧등에서 바깥쪽으로 부드럽게 닦아내세요. 눈 안에 있는 것은 아무것도 닦지 마세요.

모유

분비물과 감염 가능성을 없애도록 돕기 위해, 모유 몇 방울을 눈구석에 떨어뜨리세요. 모유는 자연적으로 감염과 싸우는 특징이 있으므로 치료에 도움이 될 거예요.

캐모마일차

모유가 없다면 캐모마일차를 끓여서 식힌 다음, 차에 코튼볼을 담가서 분비물을 깨끗이 닦는 데 사용하세요. 눈구석에 차를 몇 방울 떨어뜨려도 돼요. 캐모마일은 항균성이 있어요. 의사와 상의하세요.

안약

눈물길이 감염되었다면 소아과나 안과에서 아기 눈에 넣을 항생제 안약이나 연고를 처방해줄 거예요.

눈물길 마사지

눈물길이 열리도록 부드럽게 압력을 가하며 마사지하세요. 눈물길은 아랫눈꺼풀과 코 사이에 있어요. 적절한 마사지 방법에 관해서는 의사와 상의하세요.

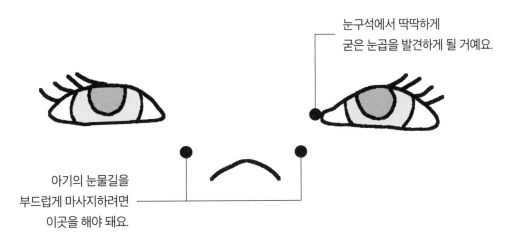

눈구석에서 딱딱하게 굳은 눈곱을 발견하게 될 거예요.

아기의 눈물길을 부드럽게 마사지하려면 이곳을 해야 돼요.

변비

대부분의 경우, 아기가 2~3일 정도 배변을 하지 않는 것은 정상이에요. 하지만 가끔은 아기가 변비에 걸려서 약간의 도움이 필요한 경우도 있어요.

변비란?

변비는 배변 활동이 어렵거나 정상보다 덜 자주 일어나는 증상을 의미해요.

영유아 변비

정상적인 아기의 배변 활동은 아이의 나이와 아이가 먹는 음식에 따라 달라져요. 변을 매일 보는 아이도 있고 며칠에 한 번씩 보는 아이도 있어요. 아기는 복근이 약하기 때문에 배변을 하면서 안간힘을 쓰는 것도 아기에게는 정상적인 현상이에요.

영유아 변비는 고형식을 식단에 포함시키는 동안 자주 발생해요. 그것은 또한 당신이 사용하는 분유를 아기가 소화시키기 너무 어려울 때에도 발생해요. 만약 아기가 변비인 것 같다면 의사와 상의하세요.

증상

- 토끼 똥처럼 단단한 변
- 안간힘을 쓰거나 울면서 배변을 힘들고 고통스러워함
- 드문 배변 활동
- 피가 섞인 변이나 검은색 변
- 식욕 부진
- 딱딱한 아랫배

변비 치료에 관한 팁

분유

사용하고 있는 분유를 아기가 소화시키기 더 쉬운 종류로 바꾸는 것에 관해 소아과 의사와 상의하세요.

프로바이오틱스

아기가 먹을 모유나 분유에 프로바이오틱 드롭을 첨가하면 아기의 장 건강과 배변 활동에 도움이 될 거예요.

이유식

만약 아기가 고형식을 먹을 만큼 자랐다면 아기의 식사에 과일과 야채를 추가해보세요. 퓨레로 만든 콩이나 브로콜리, 당근, 복숭아, 자두, 배, 푸룬(말린 자두)을 먹여보세요. 모두 섬유질이 풍부한 음식이랍니다. 아이에게 보리나 귀리로 된 통곡물 시리얼을 먹이세요. 아이가 고형식을 먹을 때가 아직 안 됐다면 소량의 과일주스(푸룬이나 배, 체리, 사과)를 먹여보세요. 주스를 물에 희석하세요.

수분 공급

신생아는 많은 양의 분유나 모유를 마시기 때문에 이런 일이 흔하지는 않지만, 변비는 수분 부족의 결과일 수도 있어요. 아기에게 적은 양의 물을 줘도 되는지 의사와 이야기해보세요. 의사는 또한 푸룬 주스를 물에 소량 타서 주길 권할 수도 있어요.

자전거 타기

이 운동은 배변 활동을 자극하는 데 도움을 줘요. 그러나 아기가 아직 걷거나 기지도 못하기 때문에, 당신이 아기에게 이 운동을 시켜줘야 해요. 아기를 똑바로 눕혀놓은 상태에서 자전거를 타는 동작을 흉내 내듯이 아기의 다리를 천천히 움직여주세요. 또 다른 흔한 아기 운동은 아기의 배꼽 위쪽 배를 가운데에서 바깥쪽으로 둥글게, 아주 살살 마사지하는 것이에요.

따뜻한 목욕

아기를 따뜻한 물에 목욕시키세요. 이는 아기의 근육 긴장을 풀어주며 배변 활동을 수월하게 하는 데 도움이 돼요. 욕조 안에서 변을 볼 수도 있으니 대비하세요.

제공된 정보는 전문적인 의료 조언, 진단, 치료의 대안이 아니에요.
당신과 아이에게 적합한 치료인지 확인하려면 항상 주치의나 전문 의료인과 상담하세요.

설사

설사하는 아기는 모든 부모에게 겁나고 걱정스러워요. 우리가 알아야 하고 해야 할 것들이 여기 있어요.

아기에게 절대 지사제를 주지 마세요.

설사란?

변의 농도가 묽고 무르며 평소보다 빈도가 잦은 배변 활동을 말해요.

영유아 설사

특히 아기가 영아일 때에는 변이 부드럽고 무른 것이 정상이에요. 그러나 영유아 설사는 훨씬 더 물기가 많고 끈적끈적해요. 설사의 원인이 무엇인지에 따라 발열이 동반될 수도 있어요. 아기는 2~3일 만에도 탈수 증세를 일으킬 수 있으며, 이는 신생아에게는 매우 위험할 수 있어요.

원인

바이러스

로타바이러스는 영유아와 어린이에게 설사를 일으키는 바이러스군이에요. 오늘날 경구형 로타바이러스 백신은 이를 덜 흔하게 만들어줬어요.

식단

아기 식단이나 (모유 수유를 할 경우) 엄마 식단에 변화가 있으면 설사를 유발할 수도 있어요. 설사는 또한 젖당 불내성이나 유당 단백질에 대한 알레르기 반응으로 인해 생기기도 해요.

세균

대장균, 캄필로박터, 살모넬라균은 세균성 설사의 원인 중 일부예요.

항생제

(모유 수유를 하고 있다면) 엄마나 아기의 항생제에 대한 반응으로 설사, 메스꺼움, 복통이 일어날 수 있어요.

기생충

비교적 드문 원인으로는 장내 기생충이 있어요.

설사할 때 해야 할 일

수분 공급

설사하는 아기는 탈수를 일으킬 위험이 있으므로 모유나 분유를 먹임으로써 자주 수분 보충을 해줘야 해요. 특히 모유는 아기에게 수분을 공급할 뿐 아니라 바이러스와 싸우는 자연 항체를 가지고 있기 때문에 아기에게 좋아요. 의사가 페디아라이트와 같은 수액을 먹이도록 추천할 수도 있어요.

건강한 음식 제공하기

아기가 고형식을 먹고 있다면 건강한 식단인지 확인하세요. 닭고기와 같이 지방이 없는 살코기를 먹이고, 바나나 퓨레, 사과 소스, 쌀, 시리얼, 오트밀, 통밀빵, 크래커와 같이 자극적이지 않으면서 녹말이 많은 음식으로 바꾸세요. 요구르트나 경구용 드롭에 들어 있는 프로바이오틱 성분은 아기에게 부족할 수도 있는 유익균을 대체하도록 도와줄 수 있어요.

처방전

설사의 원인에 따라, 소아과 의사가 항생제나 항기생충약을 처방할 수도 있어요.

기저귀 발진 연고

설사는 산성이 강해서 아기의 피부를 자극하여 기저귀 발진을 유발할 수도 있어요. 발진을 예방하려면 기저귀를 자주 갈아주고 기저귀 발진 연고를 발라주는 것이 중요해요.

병원에 전화해야 할 때

- 신생아일 때
- 건포도 젤리 같은 변
- 설사에 점액이나 악취가 있을 때
- 혈변이나 검은색 변
- 항생제 복용 중에 극심한 설사를 할 때
- 3개월 이하의 아기가 38℃ 이상의 열이 날 때

- 3~12개월의 아기가 39℃ 이상의 열이 날 때
- 아기 정수리의 부드러운 부분이 움푹 들어갈 때
- 아기가 무기력하고 졸리고 반응이 없을 때
- 눈이나 볼이 움푹 들어갈 때
- 구토
- 눈물 없이 울 때

제공된 정보는 전문적인 의료 조언, 진단, 치료의 대안이 아니에요.
당신과 아이에게 적합한 치료인지 확인하려면 항상 주치의나 전문 의료인과 상담하세요.

콧물 범벅

으윽, 코딱지

꽉 막힌 코는 감기에 걸린 아기에게 나타나요. 코가 막히면 아기는 숨을 쉬고 음식을 먹기 힘들어져요. 아기가 스스로 코를 풀지 못하기 때문에 당신이 도와줘야 해요. 저는 더러워진 기저귀는 언제든 갈아줄 수 있지만, 콧물 범벅인 코를 청소해주는 일은 매번 구역질이 난답니다.

꽉 막힌 코를 완화해주기 위한 팁

콧물을 빨아내세요

아기의 코 막힘을 완화하기 위한 한 가지 방법은 식염수나 식염수 스프레이를 콧물흡입기와 함께 사용하는 것이에요. 아기를 똑바로 눕혀놓고 각 콧구멍에 식염수를 두세 방울씩 떨어뜨려서 콧물을 묽게 만든 다음, 망울 주입기나 콧물흡입기를 사용해 콧물을 빨아내세요. 또 다른 선택지는 식염수를 모유로 바꾸는 것이에요. 아기의 코에 모유 두세 방울을 떨어뜨려서 콧물을 묽게 만들고, 아까와 같은 방법으로 콧물을 제거하세요.

기화기나 가습기

시원한 분무식 기화기나 가습기를 아기 방에 두면 공기 중에 수분을 첨가함으로써 아기가 더 쉽게 숨 쉬는 데 도움이 될 수 있어요. 내부에 곰팡이가 번식하는 것을 예방하려면 기계를 깨끗하게 유지해야 해요. 수돗물 대신 증류수를 사용하세요.

사랑의 손길

아기를 똑바로 세워서 안은 채로 아기의 등을 부드럽게 토닥여주면 가슴 충혈을 완화하는 데 도움을 줄 수 있어요.

기다리세요

코 막힘은 감기에 걸린 아기에게는 흔한 증상이에요. 대부분의 경우, 이러한 감기는 시간이 지나면 저절로 나을 거예요. 만약 아기가 호흡이나 식사를 힘들어하거나 열이 있으면 의사와 상의해야 해요.

약이나 베이포럽 금지

전통적인 처방전 없이 사는 감기약들은 아기에게 안전하지 않아요. 베이포럽(멘톨, 유칼립투스, 또는 장뇌 함유)은 어린 아기에게 사용하면 안 돼요.

주의사항: 아기가 2개월 미만인데 열이 있거나 코 막힘 때문에 수유나 호흡을 힘들어한다면 의사를 만나보세요.

제공된 정보는 전문적인 의료 조언, 진단, 치료의 대안이 아니에요.
당신과 아이에게 적합한 치료인지 확인하려면 항상 주치의나 전문 의료인과 상담하세요.

사두증

평평한 두상에 대한 조언

사두증이란?

사두증은 아기의 머리 뒤쪽이나 옆쪽에 평평한 부분이 생긴 상태예요. 아기의 머리는 말랑말랑하고 특히 잠을 잘 때처럼 누워서 보내는 시간이 많기 때문에, 같은 부분에 압력이 지속적으로 가해져서 아기의 머리를 한쪽으로 납작하게 만들 수 있어요. 이러한 상태는 아기가 누워서 보내는 시간이 적어지면서 개선될 거예요.

사두증의 종류 두 가지

자세성 사두증

변형성 사두증이라고도 불리며, 사두증의 가장 흔한 형태예요. 모든 아기의 절반 정도에게 영향을 미쳐요.

선천성 사두증(두개골 조기유합증)

아기의 두개골의 판들이 너무 일찍 닫혀버리는, 보기 드문 선천성 결손증이에요. 그 결과 두상이 비정상적인 모양이 돼요.

원인(자세성 사두증)

- 아기의 수면 자세가 흔한 원인이에요.
- 조산아들은 이러한 상태가 될 확률이 더 커요.
- 다태아들은 자궁에서의 자세 때문에 이러한 상태가 될 확률이 더 커요.

징후

- 머리의 옆쪽과 뒤쪽의 평평한 지점
- 어긋난 양쪽 귀 위치
- 머리의 한 부분의 탈모
- 두개골의 융기
- 머리에 연한 부위가 거의 없음

치료와 예방

수면 자세에 변화를 주세요

아기의 수면 자세를 바꿔주는 것은 사두증을 줄이는 데 도움이 될 수 있어요. 예를 들어 만약 아기를 왼쪽을 보고 눕도록 내려놓으면, 다음번에는 얼굴이 오른쪽을 향하게끔 놔두세요. 아기가 반대쪽을 보게 하려면 아기의 머리를 부드럽게 돌려야 해요.

운동

매일 할 수 있는 가장 효과적인 것은 아기 운동이나 의사에게 지시받은 운동이에요. 이러한 운동은 아기를 강화해서 아기가 엎드려서도 안전하게 잘 수 있도록 해줘요. 또 아기의 머리 뒤쪽의 같은 지점에만 가해지던 압력을 멈춰줘요.

아기를 더 많이 안아주기

조금 힘들 수도 있겠지만, 낮 동안 아기를 더 많이 안아주는 것은 그들이 똑바로 누워서 보내는 시간의 양을 제한하게 되며, 이는 평평한 지점에 가해지는 압력을 완화하는 데 도움이 돼요.

간단한 팁

아기를 마지막으로 내려놓았을 때 아기의 머리가 향하던 방향이 어느 쪽이었는지 기억하기 위한 팁은, 쪽쪽이를 아기의 머리가 마지막에 바라보던 방향의 매트리스 위에 두는 것이에요.

자세 교정 치료법

이는 더 정상적인 두개골 모양을 발달시키도록 돕기 위해 아기의 자세를 바로잡는 방법을 당신에게 가르쳐주는 물리적 치료법의 한 종류예요.

두상 교정 헬멧 치료법

더 심각한 경우에는 두상 교정 헬멧이 권장돼요. 이는 두개골의 모양을 바로잡는 데 도움을 주는 특수 헬멧을 아기에게 꼭 맞게 씌우는 것을 포함해요.

수술

수술은 주로 봉합선이 조기에 닫혀서 두개골의 압력을 줄여줄 필요가 있는 **두개골 조기유합증**의 대다수의 경우에 필요해요.

제공된 정보는 전문적인 의료 조언, 진단, 치료의 대안이 아니에요.
당신과 아이에게 적합한 치료인지 확인하려면 항상 주치의나 전문 의료인과 상담하세요.

수족구병

세상에, 이게 뭐야?

수족구병(HFMD)은 끔찍하게 들리지만 아이들이 흔히 걸리는 전염병이에요.

수족구병이란?

이는 쉽게 전파되는, 전염성이 강한 바이러스 감염성 질환이에요. 특징적인 증상은 입안과 입 주변의 상처, 손과 발의 발진이에요. 가끔씩 이러한 상처가 다리, 엉덩이, 사타구니까지 퍼져요. 이는 물집보다는 작게 부풀어 오른 붉은 발진에 더 가까워 보여요.

이는 영아와 5세 미만의 아이들에게서 흔히 발견돼요. 수족구병을 일으키는 바이러스에는 여러 종류가 있기 때문에, 아이는 수족구병에 두 번 이상 걸릴 수도 있어요.

전염

- 대인 접촉에 의한 전파
- 타액이나 콧물, 변과의 접촉
- 기침이나 재채기에서 나온 공기 중의 호흡기 비말

증상

- 아기의 손과 발, 입안, 그리고 엉덩이나 생식기 부근에 생긴 작은 붉은 발진이나 물집. 이 상처들은 가렵지 않아요.
- 발열
- 인후염
- 몸이 불쾌하고 아픈 느낌
- 입안과 혀에 아픈 물집이 생김
- 입안의 물집 때문에 식욕이 부진함

치료와 예방

수족구병에는 특별한 치료법이 없어요. 바이러스는 대개 일주일에서 10일 안에 저절로 사라져요. 그때까지 아기를 진정시키고 불쾌한 기분을 풀어주는 것으로 도와야 해요.

진통제

아이가 불쾌감을 느끼며 열이 난다면 아동용 이부프로펜이나 타이레놀을 주도록 처방받을 거예요. **약을 주기 전에는 항상 의사에게 확인하세요.**

유동식과 차가운 음식

아이가 음식을 먹을 때 고통을 느낀다면 우유나 퓨레를 더 주도록 하세요. 과일주스나 요구르트로 만든 얼음과자 또한 구내염과 인후염을 진정시키는 데 도움이 될 거예요.

수분 공급

유동식이나 모유, 분유로 아기가 수분이 부족하지 않게 하세요.

위생

비누와 물로 손을 자주 씻고 장난감과 표면을 계속해서 소독하는 것은 수족구병을 예방하기 위한 가장 좋은 두 가지 방법이에요.

주의사항: 만약 아이가 수족구병에 걸린 것 같다는 의심이 들면 병원에 연락하세요.

제공된 정보는 전문적인 의료 조언, 진단, 치료의 대안이 아니에요.
당신과 아이에게 적합한 치료인지 확인하려면 항상 주치의나 전문 의료인과 상담하세요.

독감

그저 시간문제일 뿐

독감은 아기에게 위험할 수 있으며 심각한 합병증을 불러올 수 있어요.
생후 6개월 이상이 된 아이는 매년 독감 예방 접종을 하도록 권고돼요.

간단한 팁

모유를 통해 아기에게
독감을 전파하는 일은 없을 거예요.
사실 모유는 모유에 함유된 항체 때문에
오히려 아이를 보호하는 데
도움을 줄 거예요.

독감이란?

독감은 인플루엔자 바이러스에 의해 일어나는 감기를 말해요. 이 바이러스는 코와 목구멍, 폐를 감염시키며 전염성이 매우 강해요. 이는 가벼운 질환에서부터 극심하고 생명을 위협할 수도 있는 질환까지 이를 수 있어요.

영유아가 독감에 걸리면 매우 위험할 수 있으며, 치명적일 수도 있어요. 5세 미만의 아이들은 심각한 합병증에 걸릴 위험이 높아요. 아이가 독감에 걸렸다고 의심된다면 망설이지 말고 병원에 연락하세요.

전염

- 바이러스를 보유한 사람이 기침이나 재채기를 할 때 나온 바이러스를 들이마심
- 바이러스가 묻은 물건을 만짐

증상

- 발열
- 오한과 떨림
- 기침
- 인후염
- 콧물이나 코 막힘
- 피로감과 무기력함
- 식욕 부진
- 구토나 설사
- 몸살

독감에 대해
더 많은 정보가 필요하다면
www.kdca.go.kr에 접속하거나,
1339를 눌러
질병관리청 콜센터에
전화하세요.

제공된 정보는 전문적인 의료 조언, 진단, 치료의 대안이 아니에요.
당신과 아이에게 적합한 치료인지 확인하려면 항상 주치의나 전문 의료인과 상담하세요.

심각한 합병증

- 폐렴
- 탈수
- 뇌염
- 부비강이나 귀의 감염
- 장기적인 건강 문제 (심장병이나 천식, 혈액 장애)

해야 할 일

아이가 전형적인 독감 증상을 보인다면 즉시 병원에 전화하여 아이가 심각한 합병증을 방지하기 위해 검사를 받아야 하는지 확인하세요.

휴식

아이가 충분한 휴식을 취하게 하고 활동을 최소화시키세요.

유동식

열과 식욕 부진으로 인한 탈수를 방지하려면 유동식을 많이 먹이세요. 모유나 분유를 수유하거나 의사가 추천한다면 페디아라이트를 주도록 하세요. 아이가 고형식을 먹고 있다면 아기에게 죽이나 수프를 먹여보세요.

진통 해열제

의사가 추천한다면 열을 내리고 전신 통증을 완화하기 위해 아세트아미노펜이나 이부프로펜을 줄 수 있어요 (6개월 미만의 아기에게는 이부프로펜을 주지 마세요).

항바이러스제

아이에게 항바이러스제 처방이 꼭 필요한지 의사가 판단할 거예요. 항바이러스제는 바이러스 지속 기간을 줄여주고 증상을 약화시키며, 합병증을 예방해줄 거예요. 이러한 약은 발병 후 첫 이틀 안에 먹어야 가장 효과가 좋아요.

예방 접종

보건 당국은 6개월 이상의 아이와 양육자, 부모에게 매년 독감 예방 접종을 할 것을 권고해요.

우리 모두는
작은 지원이
필요해요.
특히 부모라면
말이에요.

지원

필요할 때 도움을 구하는 방법

보육 시설

알아야 할 것과 해야 할 일

아이를 보육 시설에 보낸다는 결정은 어느 부모에게든 가장 어렵고 힘든 결정이에요. 여기 알아야 할 사항 몇 가지와 이러한 변화에 스트레스를 덜 받게 만드는 데 도움이 되는 팁이 있어요.

> **간단한 팁**
> **직원 비율**
> 12개월 이하의 영유아 돌봄을 위한 이상적인 직원 비율은 아이 3~4명당 직원 한 명이에요.

보육 시설이란?

보육 시설은 몇 가지 유형이 있어요:

1. 국공립 어린이집
국가나 지방자치단체에서 운영하는 어린이집이에요. 금액이 저렴하다는 장점이 있어요.

2. 가정 어린이집
개인이 주택이나 아파트 등에서 약 5~20명을 보육하는 소규모 어린이집이에요.

3. 민간 어린이집
개인이나 비영리 법인·단체가 운영하는 어린이집으로 규모가 큰 편이에요.

4. 직장 어린이집
사업장의 근로자를 위해 설치 및 운영하는 어린이집이며 대체로 근로자의 자녀들만 입소할 수 있어요.

보육 시설 선택에 관한 팁

조사를 해보세요
가족이나 친구, 다른 부모, 주치의, 온라인 등의 추천을 받아보세요. 대기자 명단이 있는 곳도 많으니 미리 알아보세요.

보육 현장을 확인하세요
아이 한 명당 직원 수의 비율과 직원이 아이들과 소통하는 방식을 유심히 살펴보세요. 보육교사는 아이를 대할 때 아이의 수준에 맞춰야 해요. 아기가 잘 성장하려면 애정과 관심을 듬뿍 쏟아줘야 해요.

위생 방침
장난감과 물건의 표면, 공간을 얼마나 자주 소독하는지 알아보세요.

확인해보세요

어떤 곳이 당신의 조건을 충족시키는지 평가하려면 해당 시설을 방문해보세요. 다음 사항을 확인하세요:

- 현재 유효한 면허
- 따뜻하고 친근하며 밝은 직원
- 깨끗한 환경
- 아동 보호 장치

- 활기찬 활동
- 연령에 맞는 다양한 책
- 연령에 맞는 다양한 장난감
- 공용 공간

양육 철학 비교해보기

다음 사항에 관하여 해당 보육 시설의 양육 철학이 당신의 철학과 맞는지 알아보세요:

- 훈육 (보육교사가 타임아웃을 사용하거나 아이를 혼내는지 등)
- 텔레비전 (TV를 사용한다면 하루 종일 틀어놓는가, 아니면 잠깐씩 트는가?)
- 음식에 대한 방침이나 계획 (비교적 나이가 많은 아이들에게는 어떤 간식이나 음료수를 제공하는가?)
- 낮잠 (낮잠 시간은 언제인가? 신경질적인 아이들을 어떻게 재우는가?)
- 아픈 아이에 대한 방침 (아이를 등원하지 못하게 하는 증상에는 무엇이 있는가?)
- 아이를 태우고 내려주는 시간에 대해 융통성이 있는가?

이야기하고, 또 이야기해보세요

보육교사와 편안하게 의사소통할 수 있는지 확인하세요. 아침에는 보육교사에게 아이가 지난밤에 어떻게 잠들었는지, 아이가 이앓이를 하는지, 아이가 아침식사를 했는지 등을 이야기해줘야 해요. 하루가 끝날 무렵에는 기저귀를 몇 개 사용했는지, 아이가 언제 낮잠을 잤는지, 아이가 전반적으로 기분이 좋았는지 등의 비슷한 정보를 당신도 알고 싶어질 거예요.

자신의 느낌을 믿으세요

뭔가 이상하다는 기분이 들면 다른 곳을 계속 찾아보세요. 현재 상황에 대해 느낌이 좋지 않다면 다른 선택지를 조사해보세요.

갈등을 최대한 신속하게 해결하세요

갈등이 발생하면 못 본 척하지 말고 그 즉시 문제를 제기하세요. 보육교사를 정중히 대하되, 주저하지 말고 의견을 이야기하세요.

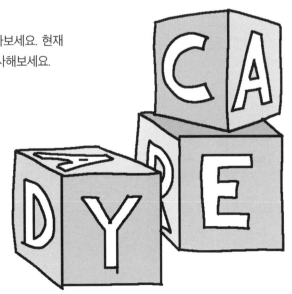

과감히 바꾸세요

일이 잘 풀리지 않는다면 시설을 변경하세요.

베이비시터

좋은 시터 구하기

좋은 시터를 구해서 아기를 마음 편히 시터에게 맡기고 떠나기까지는 정말 힘들 수 있어요. 조금 더 수월하게 시터를 구하기 위한 통찰과 팁을 드릴게요.

시터 구하기를 위한 팁

추천

처음에는 친구와 가족, 직장 동료들에게 추천할 만한 베이비시터가 있는지 물어보세요. 대체로 입소문이 가장 믿을 만하니까요. 시터 비용을 얼마나 지불했는지도 꼭 확인하세요.

지역 사회

교회, 도서관과 같은 다양한 지역 단체의 추천도 받아보세요.

온라인 어플

베이비시터에 관한 온라인 플랫폼을 활용하세요.

보모

현재 고용 중인 보모가 있다면 보모에게 시터를 추천받으세요. 또는 동네 커뮤니티에서 정보가 많은 보모들을 찾을 수 있답니다.

시터는 찾았는데, 이제 어쩌지?

면접

우선 전화 면접을 통해 이 사람이 당신과 잘 맞을지 확인해보세요.

신원 조사

어플을 통해 시터를 구한다면 신원 확인 기능이 제공될 거예요. 학력, 경력, 희망 급여, 자격증, 보험 가입 여부와 같은 정보를 인증받아 신원을 확실하게 확인할 수 있어요.

만나서 인사를 나누세요

지원자를 직접 만나보세요. 시터가 훈육과 같은 문제를 다루는 방식에 관한 질문들을 준비해두세요. 면접이 잘 끝난다면 새로운 시터를 아기에게 소개하는 시간을 가져야 해요. 시터가 아기와 어떻게 소통하는지 지켜보세요.

급여를 정하세요

급여는 보통 후불로 지급해요. 이는 당신이 사는 곳과 자녀의 수, 자녀의 나이에 따라 결정될 거예요. 같은 지역에 친구나 가족이 있다면 그들이 시터에게 얼마를 지불했는지 물어보는 게 도움이 될 거예요.

추천서를 받으세요

해당 시터를 고용했던 사람들의 추천서를 최소 두 개 이상 받으세요. 지원자의 근무 경험에 대해 알아보고, 전 고용주에게 지원자를 추천할 생각이 있는지 물어보세요. 지원자의 가장 뛰어난 자질과 단점은 무엇인지 모두 물어보세요.

추가적인 생각

베이비시터에게 사전에 협의되지 않은 청소, 설거지, 빨래 등의 다른 집안일을 요구하지 마세요. 시터는 오직 아이에게만 집중해야 해요.

규칙을 정하세요

누군가 집에서 담배를 피우거나, 친구를 초대하거나, 아이가 잠들 때까지 친구와 통화나 문자 메시지를 주고받는 것을 원치 않는다면 이러한 규칙을 미리 세워야 해요.

시터에게 아기가 TV를 시청하도록 허용된 시간과 프로그램의 종류에 대한 방침을 말해주세요. 또한 공원을 비롯한 야외 장소 중에 시터가 아이를 데리고 가도 되는 곳과 안 되는 곳을 다시 한번 이야기해주세요.

어떤 음식이나 간식이 허용되는지, 그리고 목욕 및 수면 시간을 비롯하여 시터가 따랐으면 하는 스케줄이 따로 있는지 다시 한번 알려주세요.

보모

커다란 도움 구하기

좋은 보모를 구해서 마음 편히 아기를 보모에게 맡기고 떠나기까지란 정말 힘들 수 있어요. 조금 더 간단하게 보모를 구하도록 만들어줄 고려 사항 몇 가지를 알려드릴게요.

보모 구하기에 관한 팁

친구와 가족

보모를 구하는 데 가장 좋은 정보원은 친구들과 가족이에요. 그들이야말로 제일 먼저 알아봐야 할 곳이에요. 입소문은 새로운 가족을 구하고 있는 보모를 찾는 데 도움이 될 거예요.

대행사

보모를 찾고 배정해주는 일만 전문으로 하는 대행사가 많이 있어요. 이러한 곳들은 신원 조사를 통한 검증에 신중하기 때문에 도움이 될 거예요.

온라인 검색

온라인 보모 구인 사이트를 활용하는 것도 한 방법이에요.

다른 보모들

보모를 구하는 좋은 방법은 보모 간의 연락망을 활용하는 거예요. 보모들은 누가 일자리를 구하는지 알고 있어요. 그럼 어떻게 하냐고요? 우선 친구들에게 그들이 고용한 보모에게 아는 보모가 있는지 물어봐달라고 하세요.

두 번째로 동네 공원 등 이웃들을 많이 만날 수 있는 곳에 가보세요. 공원에는 늘 보모와 부모들이 있지요. 가능성 있는 지원자에 관해 그들과 이야기를 나누다 보면 추천을 받게 될 수도 있어요.

급여

보모의 급여는 당신이 사는 곳과 보모의 근무 시간에 따라 크게 달라진답니다. 지역 내의 평균적인 시세를 알아보는 가장 좋은 방법은 다른 부모들에게 물어보는 것이에요. 그리고 모든 지원자에게 각자의 급여 범위를 물어보세요.

추천서

모든 지원자에게 추천서 목록을 요청한 다음, 추천인에게 전화해보세요. 추천서는 많을수록 좋지만 최소 두 장은 제시해야 해요. 추천인에게 구체적인 질문을 던지세요. 해당 보모가 마음에 들었는지 묻기보다는 그 보모의 근무 방식에서 좋았던 점과 아쉬웠던 점 등을 물어보세요.

계약

합의 내용이 무엇이든 모든 사람이 근무 조건을 확실히 알 수 있도록 문서로 기록을 남겨야 해요. 기록된 문서는 보모가 맡은 일을 명확하게 보여주는 데 도움이 될 거예요.

고려해야 할 사항들의 예시

보모는 몇 시간을 근무하나요?

급여는 얼마를 지급하나요?

보모의 휴가와 휴일은 어떻게 되나요?

휴가는 유급인가요?

급여는 시급 기준인가요, 연봉 기준인가요?

병가를 제공하나요?

주유비도 제공하나요?

보모가 집안일과 청소도 해주길 원하나요?

보모가 아기와 당신의 식사를 모두 챙겨주길 원하나요?

보모가 아기를 목욕시키고 재우는 일까지 하길 원하나요?

아기 스케줄이 정해져 있나요?

보모가 아기를 태우고 공원에 데려가야 하나요?

특별히 정해진 아기 활동이 있나요?

다른 아기와 놀이 모임을 가져도 되나요?

중요한 면접

보모에게 물어야 할 질문

보모 지원자와 만날 약속을 잡을 때, 지원자에게 물어볼 질문 목록을 미리 준비해두면 매우 유용하답니다. 그 과정에 도움이 될 만한 질문들을 준비했어요.

질문

일반:

- 보모 일을 얼마 동안 해봤나요?
- 당신이 돌봐줬던 아이들은 몇 살이었나요?
- 공식적인 아동 발달이나 아동 돌봄 교육을 받은 적이 있나요?
- 응급 상황에 대한 교육을 받았나요? 심폐소생술은요? 응급처치는요?
- 만약 안 받았다면 심폐소생술 수업과 응급처치 훈련을 받을 생각이 있나요?
- 우리 아이가 아프거나 사고를 당하면 어떻게 할 건가요?
- 제가 당신의 신원을 조회해도 괜찮을까요?
- 최근에 DPT(디프테리아, 백일해, 파상풍) 예방 접종을 했나요?

보모로서:

- 왜 보모 일을 하나요?
- 왜 새로운 자리를 구하나요?
- 보모라는 일에서 어떤 점이 좋은가요?
- 당신이 생각하는 이상적인 가족·고용주를 묘사해주세요.
- 보모 일에서 가장 아쉬운 점은 무엇인가요?
- 반려동물에 관해서 문제 될 만한 게 있나요?

아이 다루기:

- 아이 양육에 대한 당신의 가치관은 무엇인가요?

- 아이들은 당신의 어떤 점을 가장 좋아하나요?

- 아이를 어떻게 달래주나요?

- 분리 불안에 어떻게 대처하나요?

- 아이를 어떤 방식으로 훈육하나요?

- 이전에 겪었던 훈육 문제와 당신이 대처한 방식을 예로 들어주세요.

- 다른 가정에서 따랐던 규칙 중에 당신과 잘 맞았던 것은 어떤 건가요?

- 잘 안 맞았던 규칙은 무엇인가요?

- 제가 정한 규칙과 훈육·달래기 전략이 당신의 방식과 다르더라도 따라줄 의향이 있나요?

세부 계획과 급여:

- 입주해서 근무하길 원하나요?

- 만약 입주하지 않는다면, 어디에 거주할 것이며 어떻게 출근할 건가요?

- 입주하지 않는다면, 당신 몫의 음식을 가지고 올 건가요, 아니면 식사가 제공되길 원하나요?

- 적합한 안전벨트와 카시트를 설치할 공간이 있으며 문제없이 잘 작동하는 자동차가 있나요?

- 자동차 사고를 낸 적이 있나요? 그리고 자동차 보험을 들어두었나요?

- 흡연을 하나요?

- 아기가 자는 동안 가벼운 집안일을 할 생각이 있나요? 한다면 어떤 일이 좋은가요?

- 정기적인 근무 스케줄에 방해가 될 만한 개인적인 일이나 건강 문제가 있나요?

- 언제부터 근무를 시작할 수 있나요?

- 저녁이나 주말 근무도 가능할 것 같나요?

- 주말·휴가 때 우리 가족과 함께 여행 가는 것도 가능한가요?

- 휴가를 언제 쓰고 싶나요?

하루하루
정신 줄을
놓지 않으려고
애쓰는 중….

스트레스 관리하기

힘든 일이에요

부모로서 받는 스트레스는 굉장히 다양한 감정을 불러일으키지요.
이 장에서는 그러한 감정에 대해 솔직히 이야기해보고 감정을 다루는 데
도움이 되는 방법을 알아볼 거예요.

진실

있는 그대로의 사실 & 오로지 진실

우리가 첫아이를 기다리고 있었을 때, 저는 많은 이야기를 듣기도 하고 못 듣기도 했어요. 그중에서 몇 가지는 미리 알아서 좋았지만 몇 가지는 완전히 거짓말이었지요. 당신의 가족이나 친구들조차도 나쁜 놈이나 둔감하고 부적절한 사람으로 보일까봐 두려운 마음을 털어놓지 않는다는 것이 솔직한 진실이에요.

거짓말: 모든 게 너무 경이롭다.

모든 게 경이롭지는 않아요! 물론 당신의 삶에 아기가 등장하는 것은 경이로운 일이지요. 수많은 놀라운 순간들을 경험하게 될 거예요. 하지만 그만큼 수많은 좌절과 걱정, 고통도 따르지요. 아기가 태어나고 경험한 많은 측면들은 경이롭다고만 말할 수는 없는 일들이었어요.

거짓말: 즉시 유대감이 생긴다.

여자인 한 친구가 자신은 그렇게 곧바로 유대감이 생기지 않았다고 털어놓았는데, 저도 그랬어요. 우리 아기들이 참 예쁘다고 생각했고 아이가 생겨서 행복했지만, 다른 이들이 말했던 것 같은 즉각적인 마법 같은 유대감이 생겨나지는 않았지요. 아이의 엄마는 아이를 9개월 동안 품었으니 더욱 강렬한 감정이 생길 수도 있다는 건 인정하겠지만, 모든 사람이 그런 것은 아니라고 생각해요. 제 생각에 유대감은 각자 다르게 생겨나며, 애정 어린 유대는 시간이 지나면서 차차 쌓여가는 것이거든요.

거짓말: 모유 수유는 쉽다.

사람마다 다르겠지만, 흥미롭게도 대다수의 여성이 제게 말하길, 모유 수유는 쉽지 않고 자연스럽게 되지도 않는다고 했어요. 모유가 아예 안 나오거나, 아주 짧은 기간 동안만 나왔다는 여성들의 경험담이 수도 없이 쏟아져 나왔어요. 상황이 잘못돼서 끔찍한 일이 벌어진 이야기도 들었어요.

그러니까 당신에게 문제가 있다 해도 당신만 그런 것이 절대 아니므로 죄책감을 느낄 필요가 없어요! 이는 많은 여성들이 저에게 해준 말이기도 해요. 그들은 모유 수유를 원하지 않거나 하지 못할 경우, 자신에게 문제가 있거나 자신이 좋은 엄마가 아니라고 느꼈어요. **이제 그만.** 속상해할 필요가 전혀 없어요. 대부분의 경우에 당신은 이미 굉장히 많은 일을 해내야 하고, 피곤했다가, 치유받았다가, 또 호르몬의 노예가 되어야 해요. 그러니 도저히 못 하겠다는 생각이 들거나 모유 수유가 너무 고통스럽다면, 때려치우세요.

거짓말: 여성은 6주 후에 섹스를 할 수 있다.

이 문장을 읽고 생각했어요. 우와, 나는 게이라서 엄마들처럼 아래쪽에 그렇게 엄청난 일이 일어나지 않았는데도 섹스는 아주 가끔씩 겨우 할 수 있었는데. 저는 너무 피곤했어요. 그저 자고 싶을 뿐이었지요. 많은 여자친구들에게 연락해본 뒤에 깨달았어요. 대부분 당장은 섹스에 대한 생각조차 들지 않는다는 거예요.

그들은 엄마라는 역할에 적응하느라 너무 피곤했고, 호르몬은 제대로 돌아가지 않았으며, 모유 수유를 하면서 몸이 예민해져 있었어요. 평소보다 흥분된 기분이 들어서 섹스를 원했다는 친구들도 있었어요. 또 다른 이들은 섹스라는 행위 자체를 원해서라기보다는 배우자에게 예쁘고 매력 있는 존재라는 애정 어린 확인을 받고 싶어서 섹스를 했다고 말했어요. 이는 사람마다 다른 듯하지만, 제 생각엔 죄책감을 느끼거나 조급해할 필요가 전혀 없어요.

거짓말: 아기의 미소는 모든 일을 견뎌내게 만든다.

네, 맞아요. 저는 우리 아이들을 무척 사랑해요. 하지만 아이들이 미친 듯이 소리를 질러댈 때 저는 아이들의 미소를 떠올리지는 않아요.

진실: 육아는 일이다.

맞아요. 육아는 일이에요. 심지어 당신이 생각했던 것보다 더 큰 일이지요. 영유아를 돌보는 일은 극도로 피곤하면서도 너무나 지루한 일이에요. 아이를 하루 종일 돌봐야 한다면 말도 안 되게 힘든 일이지요. 육아는 아침 9시에 출근했다가 오후 6시가 되면 퇴근하고 집에 가서 쉴 수 있는 그런 일이 아니에요.

당신은 아침 6~7시부터 저녁 7시까지 일해야 해요. 잠자리에 들었다가, 일어나고, 다음 날도, 그다음 날도, 또 그다음 날도, 주말까지 계속 그 과정을 반복해요. 정말 힘든 일이에요. 그나마도 아이들이 밤에 통잠을 잔다는 전제하에서 이 정도지요. 아이를 보육 시설에 맡긴 사람들은 그것을 축복이라 생각하겠지만, 주말이 되어 아이가 집에 있을 때면 또 그런 생각이 들지 않죠. 그조차도 너무나 피곤한 일이거든요.

주말은 원래 밀린 잠을 자고, 잡다한 볼일을 보고, 집안일을 하거나 취미 생활을 하는 시간이었어요. 마음의 준비를 하세요. 더 이상 그렇지 않을 테니까요.

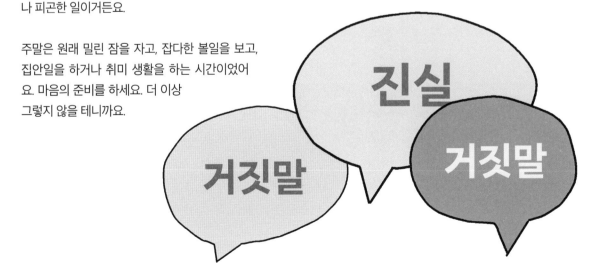

진실

있는 그대로의 사실 & 오로지 진실

진실: 육아는 비싸다.

맞아요, 맞아요, 맞아요. 세상에, 우리는 아이들에게 너무 많은 돈을 썼어요. 놀라울 따름이에요. 이제 겨우 시작인데 말이죠. 끝없이 마트에 가는 것 같은데, 집에 돌아와서 보면 모든 게 다 아이들 물건뿐이에요. 기저귀, 분유, 음식, 옷, 가구… 비용이 눈 깜짝할 새에 늘어나요.

진실: 당신은 지칠 것이다.

모두가 말해주겠지만, 제가 이야기할게요. 정말 그 이상이에요. 이전에는 한 번도 느껴본 적 없는 수준의 피로를 경험했어요. 농담이 아니에요. 만약 초보 부모에게 물어보면 모두가 동의할 거예요. 이 피로는 신체에만 국한된 게 아니에요. 정신적 피로도 상당해요. 이 두 가지가 합쳐지니 믿기 힘든 수준이지요.

친구와 가족들에게 제가 어떤 기분인지 이야기하자 그들이 말했어요. 그래, 힘들지. 그래도 1~2년만 있으면 훨씬 나아져. 바라건대 당신과 배우자는 힘을 합쳐서 서로에게 쉬는 시간과 '혼자만의' 시간을 만들어주게 될 거예요.

진실: 잠을 훨씬 적게 자게 된다.

친구와 가족들은 당신에게 아이가 생기면 수면에 타격을 입게 될 것이라고 말해주겠지요. 그 말은 무조건 맞지만, 생각보다 훨씬 더 큰 타격이에요. 특히 당신이 저처럼 아이가 생기기 전에 불면증이 있었던 사람이라면 더더욱 그렇지요. 잠드는 것은 어려운 일이에요. 저는 언제나 한쪽 귀를 열어놓고 잤는데, 아이가 생기고 나니 청력이 초음파도 들리는 수준이 되었답니다.

울음소리는 물론이고 아주 작은 움직임 하나하나까지도 다 들리는 편인데, 심지어 아이들이 복도 끝 방에서 자고 있어도 마찬가지예요. 수많은 다른 엄마들도 이와 같은 경험을 했다고 제게 이야기했어요. 아마도 모성 본능이겠지요. 그런데 제 동거인은 꿈쩍도 안 하고 아무것도 못 듣고 잠만 자요. 여자인 친구 여럿이 말하길 마치 자기 남편 같다고 해요. 연인 사이에 어떤 공식이 있는 게 분명해요. 한 사람은 너무나 얕게 잠들고 다른 사람은 죽은 듯이 자는 거죠.

진실: 아이들을 위해 산다.

이 말은 반복할 가치가 있어요. 당신의 관심은 더 이상 스스로의 욕구가 아니라 온통 아이들에게 쏠려 있지요. 소리 지르는 아이나 우는 아기를 못 본 척하기는 정말 힘들어요. 당신은 결국 아이가 완전히 무너지지 않게 도와주고자 해요. 그래서 아기가 배고프지는 않은지, 충분히 쉬었는지, 전반적으로 기분이 좋은지 확인하는 방법을 학습하게 되죠. 당신은 아이를 둘러싼 모든 것을 생각하고 계획할 뿐만 아니라, 아이들이 다치지는 않는지 확인하느라 계속해서 아이들을 지켜보게 돼요.

진실: 상당히 강렬한 감정을 느끼게 될 것이다.

아무도 미리 말해주지 않을 단 한 가지를 꼽자면 아이와 함께하면서 경험하게 되는 강렬한 감정이에요. 저는 본래 긍정적이고 행복한 사람인데, 아기의 징징거림과 비명소리에는 무언가 저를 돌아버리게 만드는 것이 있어요. 하루는 아이 둘이 같이 칭얼거리면서 소리 지르기 시작했어요. 그 조합이 저를 정말 괴롭혔지요. 가슴 한복판이 강렬하게 조이는 느낌이 들더니 몸이 굳기 시작했어요. 저는 엄청나게 화가 났죠.

너무나도 간절히 아이들이 멈추길 바란 나머지 소리를 지를 뻔했죠. 또 충격적이었던 것은 그때 제 머릿속을 스쳐간 생각이었어요. 물리적 폭력을 생각하다니, 믿을 수가 없었죠. 물론 실행에 옮기지 않았지만 생각은 분명 했으니까요. 저 자신을 알아볼 수조차 없었어요. 자신이 낯설게 느껴졌죠. 이 이야기를 아이가 있는 가족과 친구들에게 들려줬더니, 그들은 맞다고 인정하면서, 자신들도 상당히 강렬한 감정을 경험해봤다고 말했어요.

그때의 감정은 너무 강하고 강렬했기 때문에, 이런 것을 경험하게 되리라는 사실을 아무도 말해주지 않았다는 게 놀라웠어요. 또한 저는 나쁜 부모가 분명하다고 생각하면서 이런 감정을 품었던 것이 너무 속상했지만, 결국 이게 현실임을 깨달았지요. 아이를 직접 낳은 엄마들이 어떤 마음일지 상상할 수조차 없어요. 피곤하기만 한 것이 아니라 치유받기도 하고, 또 호르몬의 노예가 되기도 하니까요. 그러니까 당신이 이런 감정을 품었다고 해서 악마나 나쁜 사람이 아니고, 또 그런 면에서 절대 혼자도 아니라는 사실을 말해주고 싶었어요.

우리 누나가 해준 가장 좋은 조언은 누나가 이 문제를 처리한 방식이었어요. 누나는 아기를 아기 침대나 울타리, 또는 다른 안전한 구역 안에 내려놓은 다음, 자리를 떠났어요. 하던 일로 돌아가기 전에 스스로에게 자신을 수습할 시간을 주고, 심호흡을 하고, 중심을 되찾으세요.

아기의 탄생은 인생에서 가장 행복한 시간이 되어야 하는데, 왜 이렇게 우울한 걸까요?

출산 우울증의 형태

출산 후에 엄마가 되면 경험하게 될 우울증에는 세 가지 종류가 있어요. 이는 아마도 출산 후에 일어나는 급격한 호르몬 변화 때문일 거예요.

1. 산후 우울

분만 후 2~3일 안에 시작되어 2주 정도 지속되는 흔하고 약한 형태의 산후 우울증이에요.

2. 산후 우울증

더욱 극심한 형태의 우울증으로, 2주 이상 지속돼요. 증상이 오래 이어질수록 더 심해져요.

3. 산후 정신병

드물지만 심각한 상태예요.

산후 우울 증상

- 기분의 두드러진 변화
- 불안
- 슬프거나 우울한 감정
- 예민함
- 무언가에 압도된 기분
- 울음
- 집중력 감소
- 식욕 문제
- 수면 문제

산후 우울증 증상

- 불면증
- 식욕 변화
- 극심한 예민함과 분노
- 아기와의 유대에 무관심함
- 슬픔에 압도된 기분
- 친구들과 가족들에게서 멀어짐
- 극심한 기분 변화
- 많은 울음
- 공황 발작
- 자해하거나 아기를 해치는 생각
- 죽음과 자살에 대한 생각

산후 정신병 증상

- 혼란스러움과 방향 감각 상실
- 아기에 대한 강박관념
- 환각과 망상
- 수면장애

- 과도한 에너지와 동요
- 피해망상
- 자신이나 아기를 해치려는 시도

알아둬야 할 사항과 대처 방법

산후 우울 슬프고 공허한 감정은 매우 흔하며, 이는 대개 2주 안에 사라져요. 가능할 때 휴식을 취하고 친구나 가족의 도움을 받으세요.

산후 우울증은 심각한 상태이며 치료를 받아야 해요. 산후 우울증의 가장 흔한 치료법은 다음과 같아요.

> **치료**: 치료사, 심리학자, 사회복지사와 함께 우울증을 이해하고 관리하는 전략을 배워요.
> **약**: 항우울제가 처방될 거예요.

산후 정신병은 의료적 응급상황이에요. 119에 전화하고 즉시 치료법을 찾으세요. 정신병 증세가 나타나는 동안의 치료법에는 우울증을 경감시키고 기분을 안정시키고 정신병을 완화하는 약이 포함돼요.

병원에 가야 할 때

우울증의 징후와 증상이 다음 특징 중 하나와 같다면 최대한 빨리 병원으로 가세요.

- 2주가 지나도 증세가 사라지지 않아요
- 상태가 점점 나빠져요
- 아기를 돌보기 힘들어요
- 하루 일과를 끝마치기 힘들어요
- 자신이나 아기를 해칠 생각이 들어요

경고:

자신이나 아기를 해칠 생각이 조금이라도 든다면 즉시 육아를 도와줄 수 있는 동거인이나 가족을 찾은 다음,

- 의료 기관에 연락하세요.
- 정신건강 전문가에게 연락하세요.
- 자살예방상담전화(109) 또는 한국생명의전화(1588-9191)에 연락하세요.
- 가까운 친구나 가족에게 연락하세요.

나는 미쳐가고 있어

스트레스와 좌절감에 대처하기

스트레스에 대처하는 방법은 사람마다 다르지만, 도무지 멈출 생각 없이 우는 아이는 모든 사람의 발작 버튼을 눌러버려요. 당신이 얼마나 큰 좌절감과 분노를 느끼게 될지 솔직하게 말해주는 사람은 아무도 없어요. 이는 완전히 정상이며 당신은 혼자가 아니에요.

스트레스를 처리하는 팁

책임을 나누세요

당신이 한부모든 결혼을 했든 혼자 아기를 키운다는 책임감은 엄청나게 힘들어요. 신생아를 돌보는 일은 신체적, 감정적 소모가 큰 일이며 한 사람이 감당하기에는 너무 일이 많지요.

배우자가 자신의 몫에 해당하는 일을 감당하게 하세요. 그렇지 않으면 결국 배우자를 아주 많이 미워하게 될 테니까요! 당신이 한부모라면 가족이나 친구들에게 도움을 요청하세요.

스스로를 위한 시간을 가지세요

신생아를 돌보는 일은 24시간 내내 이어져요. 처음 며칠, 그리고 아마도 몇 달 동안, 아기는 주기적으로 울면서 깨어날 거예요. 이러면 잠들기가 정말 힘들어져요. 배우자와 번갈아가며 돌보게 되면 분명히 스트레스가 줄어들 거예요.

책임감이 강하고 믿을 만하며, 당신의 아기를 단 몇 시간만이라도 돌봐주겠다는 사람이 있다면 주저하지 말고 제의를 받아들이세요.

아이를 낳고 나서는 개인적인 시간을 가지려고 하면 안 된다는 이상한 생각이 있어요. 물론 상황은 분명히 달라지겠지만 당신의 삶을 완전히 중단시키면 안 돼요. 스스로를 위해 좋은 일을 하세요. 미용실이나 스파에 가거나, 혹은 친구와 밖에서 점심을 사 먹기만 하더라도 큰 변화가 생길 거예요.

스케줄을 따르세요

아기가 식사, 수면, 놀이 스케줄을 빨리 따르게 만들수록 당신도 시간에 대한 통제력을 더 쉽게 되찾을 수 있을 거예요. 아기 스케줄을 따르면서 식사량과 수면 시간, 대변과 소변을 추적하세요.

저는 우리 아이들이 생후 2개월부터 스케줄을 따르게 했더니 정말 도움이 많이 됐어요. 스케줄 덕분에 아이들이 3~4개월 때부터 밤에 통잠을 자게 됐거든요. 생명의 은인이죠!

젖병을 미리 준비하세요

전날 밤에 젖병을 미리 준비해두면 다음 날 배고파서 우는 아기에 대처하는 일이 훨씬 간단해져요.

잘 수 있을 때 자두세요

하루 24시간 동안 대기하다 보면 녹초가 되지요. 그리고 한 번에 고작 두세 시간밖에 못 잘 거예요. 아기가 누워 있는 동안 잘 수 있다면 다행이지만, 다른 자녀가 또 있다면 쉽지 않아요. 당신이 잠을 자는 동안 배우자나 조부모의 협조를 구하세요.

아빠의 꿀팁

가끔은 화장실에 가거나 샤워를 하거나 잡다한 볼일을 보는 일 등의 스스로를 돌볼 순간을 찾는 것이 힘겹게 느껴질 거예요. 언제든 아기를 바구니 카시트에 내려놓고 할 일을 하세요. 바구니 카시트는 안전하고, 당신은 아기를 볼 수 있으며 아기도 당신을 볼 수 있으니까요.

나는 미쳐가고 있어

스트레스와 좌절감에 대처하기

미리 준비하세요

당신이 처음 부모가 되었다면, 심지어 두 번째라고 해도 알아둬야 할 것들이 엄청나게 많아요. 지식과 정보를 통해 미리 대비해두면 힘든 상황이 실제로 닥쳤을 때 큰 도움이 돼요. 수많은 병원, 교회, 조산사 단체에서는 당신의 준비에 도움이 될 무료 수업을 제공하고 있어요. (이 책처럼) 육아 경험을 덜 힘들고 수월하게 만들어줄 육아에 관한 훌륭한 책도 많아요.

집 밖으로 나가세요

아기와 잘 맞는 유모차가 있으면 집 밖으로 나가서 산책을 하거나 공원에 갈 수 있는 능력이 생기기 때문에 매우 편리해요. 이는 당신이 침착하고 느긋한 상태를 유지하게 해주는 데 큰 도움이 돼요.

양육 모임에 참여하세요

당신의 경험과 감정을 다른 이들과 공유하는 것은 육아에 관한 귀중한 정보를 얻을 수 있는 좋은 방법이에요.

점점 나아져요

처음 부모가 되면 해야 할 일도 많고 스트레스 수치도 높지요. 특히 당신의 일상이 안정되고 아기가 밤에 통잠을 자게 되면 상황이 나아진다는 사실을 명심하세요.

나는 슈퍼맘일까?

제가 들어본 말 중 가장 말도 안 되는 헛소리예요. 세상에 슈퍼 부모 같은 것은 없으며, 이와 다르게 말하는 사람이 있다면 거짓말쟁이예요. 우리가 부모로서 하는 방식을 다른 사람과 비교하는 습관은 너무 불공평하고 비현실적이에요. 모든 아이는 제각기 다르며, 그 부모 역시 다 다르니까요.

이 책을 엮기 위해 엄청나게 많은 자료를 조사했는데, 그중에 상당히 거슬리는 한 가지가 있었어요. 그것은 화려하게 치장한 모습으로 기저귀 가는 법이나 아픈 아이 다루는 법 등에 관해 이야기하는 소셜 미디어의 부모들이었어요.

그것은 현실이 아니에요. 이런 가짜 현실에 걸려들지 마세요. 현실적으로 생각해봅시다. 아기를 키운다는 건 힘든 일이에요. 피곤하고 스트레스도 심하고 지저분하지요. 대부분의 시간 동안 인스타그램에 올릴법한 예쁜 순간은 거의 없어요. 당신이 충분히 멋지지 않다는 생각은 시작도 하지 마세요.

건강하게 식사하세요

식사할 시간을 찾는 것도 힘들겠지만 건강에 좋은 것들로 채우는 게 중요해요. 물을 많이 마시고 건강한 식단으로 식사하면 아기를 돌볼 때 필요한 에너지를 유지하는 데 도움이 돼요.

감정은 엉망진창이 될 거예요

아기를 사랑스럽게 바라보면서 자그마한 손가락과 발가락에 경이로워하다가도, 독립성을 잃어버린 자신의 모습을 비통해하고 아기를 잘 돌보지 못할까봐 걱정하는 등 매 순간 감정이 널뛸 거예요. 당신과 배우자는 피곤하고 불안하겠지만 서로를 향한 애정과 인내심을 유지할 거예요.

그만 자책하세요

스스로에게 휴식을 주세요. 가끔씩 극도로 지쳤을 때에는 빨래도 안 돼 있고, 설거지도 밀려 있고, 저녁을 시리얼이나 땅콩버터 샌드위치로 때우더라도 괜찮아요.

균형 찾기

그럼 나는?

자기 자신 돌보기

가족을 꾸리는 것에는 엄청난 책임과 많은 일이 따르지만 그 과정에서 당신의 욕구를 무시해서는 안 돼요. 그래요, 아이들이 우선이므로 당신은 자신에게 향해 있던 초점을 조금 돌리게 될 거예요. 그렇다 하더라도 '나'인 시간을 완전히 포기하는 것은 정답이 아니에요.

언젠가는 당신의 배터리를 재충전할 수 있어야 돼요. 그러지 않으면 당신이 가족을 돌보는 방식, 배우자와 관계를 유지하는 방식, 스스로에 대한 느낌에도 안 좋은 영향을 미칠 거예요. 균형을 찾는 문제에는 한 가지의 확실한 해결책은 없지만, 어느 정도의 균형을 이루는 데 도움이 될 만한 몇 가지 단계가 있답니다.

균형 찾기에 관한 팁

육아는 팀 경기예요

하나의 팀으로 일하는 것은 엄청나게 중요해요. 업무량을 나눠서 압박감을 줄이는 과정이 꼭 필요하지요. 한 사람은 밖에 나가서 볼일도 보고 운동도 하고 커피도 마실 수 있도록 다른 한 사람이 일을 도맡아 해주는 것도 중요해요. 각자 동등하게 느긋한 시간이나 집 밖에서 보내는 시간을 가질 수 있어야 해요.

만약 당신이 직장에 다니는 아빠이고 당신의 배우자는 집에서 아이들을 돌보고 있다면, 퇴근하고 집에 돌아가자마자 육아에 참여해야 해요. 정말 하고 싶지 않겠지만 당신의 배우자에게도 휴식이 필요하니까요. 저의 경우, 멈추지 않고 뛰어다니는 아이들을 돌보는 것보다 더 피곤한 일은 거의 없어요. 그러니까 앞으로 나서세요. 안 그러면 엄청난 원망을 받게 될 테고, 그건 궁극적으로 배우자와의 관계에 악영향을 미치게 될 거예요.

도움을 받으세요

당신을 도와줄 배우자가 없다면 다만 한두 시간만이라도 도움을 줄 수 있는 시터나 가족도 고려해보세요. 아이들과 떨어져서 집 밖에서 잠깐이라도 시간을 보내면 기분이 나아질 거예요.

상냥한 태도를 유지하세요

스트레스와 피로, 좌절감에 시달리면서도 상냥하고 사려 깊고 다정한 태도를 유지하는 것은 정말 힘든 일이에요. 제 말을 믿어보세요. 저도 인내심이 금방 떨어졌을 때, 동거인이 저에게 너무나 사랑스럽게 "상냥하게 해"라고 말해줬어요. 그의 말이 맞아요. 만약 당신과 배우자가 서로에게 사랑스럽고 친절하게 대한다면 두 사람 모두 스트레스에 더 잘 대처할 수 있을 거예요.

TV를 끄고 아이패드나 휴대폰을 내려놓은 다음, 다정하게 등을 쓰다듬거나 애정을 담아 안아주세요. 이런 즉흥적인 애정표현이 변화를 가져다준답니다.

공원

아기를 공원에 데려가는 것은 상황에 변화를 주는 멋진 방법이에요. 아이와 함께 다른 부모와 보모를 만나는 것도 좋아요. 누군가와 이야기를 나누고 자신의 경험과 걱정을 공유하는 것은 매우 유익한 일이에요.

놀이 약속

당신이 공원에서 만나는 부모와 보모들은 놀이 약속의 잠재적 기회예요. 아이가 있는 다른 어른들과 시간을 보내다 보면 기분도 나아지고 혼자가 아니라는 느낌도 들게 된답니다.

수면

수면은 균형을 찾는 데 매우 중요한 요소예요. 당신이 몹시 지치고 피곤할 때 아기가 낮잠이 든다면 당신도 자야 해요. 밤에 일찍 잠드는 것도 기분이 좋아지는 데 도움이 돼요.

저녁 데이트

배우자와의 저녁 데이트 계획을 세우세요. 시터를 고용한 다음, 둘이 함께 즐거운 시간을 보내세요.

산책

신선한 공기는 아기뿐만 아니라 당신에게도 좋은 영향을 줘요. 또는 기분을 전환하기 위해 근처 쇼핑몰을 둘러볼 수도 있겠지요.

감사의 글

어디서부터 시작해야 하나…

『세상에서 가장 간단한 육아책』을 현실로 만들기까지 너무 많은 사람들에게 너무 많은 도움을 받았다. 우선 이 세상 모든 부모들에게, 내가 얼마나 대단히 감동받았는지 말해주고 싶다. 감사하다는 말을 아무리 해도 여러분이 한 일에 대한 고마움을 보여주기에는 턱없이 부족하다. 이제 나도 돌봐야 할 아이들이 있으니, 가족을 키우고 돌보는 일을 훨씬 더 깊이 이해하고 감사하는 마음이 생겼다.

육아는 힘들고 지치는 일이며, 출퇴근도 없다. 24시간 내내 아이를 돌보면서 어쩔 수 없이 계속 대기하고 낮밤 없이 일하는 당신은 그야말로 아기 관리인이다. 아기에게 음식을 먹이고 아기가 아플 때 대처하는 등, 하루 종일 할 일이 끊이지 않는다. 당신은 그저 "아, 지금은 도저히 못 하겠다"라고 말한 뒤 떠나버릴 수가 없다. 하나의 문화로서 우리는 육아와 육아를 해내는 사람들에게 더 큰 가치를 부여해야만 한다. 이는 진정으로 세상에서 가장 중요한 일 중 하나이다.

우리 가족을 시작할 수 있게 도와준 기증자와 대리모에게. 당신들은 정말로 특별하고 놀라운 사람들이에요! 당신들이 선사해준 사랑과 관대함이 없었더라면 우리 가족은 존재하지 않았을 거예요. 말로 다 할 수 없을 만큼 고맙습니다.

『세상에서 가장 간단한 육아책』을 믿고 우리의 비전을 지지하고 격려해준 폴과 틴티, 고맙습니다. 나뿐만 아니라 궁극적으로 이 책을 읽게 될 모든 부모에게 전문성과 지식을 나눠주신 샤피로 박사님과 가브리엘라, 고맙습니다. 내 모든 작업물을 정리해준 편집자에게도 감사의 말을 남깁니다. 난독증이 있는 사람으로서, 내 글이 엉망진창이었던 것 알고 있어요. 트레사와 레슬리, 모든 지원 감사드립니다. 자신의 경험과 이야기를 들려주고, 또 그 모습 그대로 있어줬던 나의 가족과 친구들에게도 고맙습니다. 사랑하는 친구들 크리스와 오스카, 하르마, 아사드, 우리가 우리만의 가족을 시작할 때 많은 지지와 조언을 해줘서 정말 고맙습니다. 우리에게는 정말 큰 의미가 되었어요.

고맙습니다.

Steve

심플리스트베이비플랜
1개월 일지

스케줄과 일지

Simplestbaby.com에서도 심플리스트베이비플랜 양식을 무료로 다운로드할 수 있어요.

심플리스트베이비로그

날짜: _____

시작 시간	끝나는 시간	총 수면 시간	총 식사 시간	수유량	수유를 시작한 쪽 왼쪽 | 오른쪽	소변	대변	메모
					○　○			
					○　○			
					○　○			
					○　○			
					○　○			
					○　○			
					○　○			
					○　○			
					○　○			
					○　○			
					○　○			
					○　○			
					○　○			
					○　○			
합계								

심플리스트베이비플랜
3주~3개월 일지

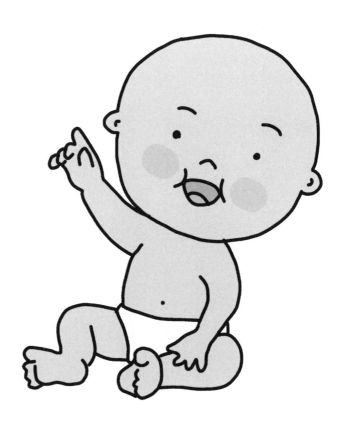

스케줄과 일지

Simplestbaby.com에서도 심플리스트베이비플랜 양식을 무료로 다운로드할 수 있어요.

심플리스트베이비플랜 날짜: _____

3주~3개월 - 낮

시간	활동		수면	수유량 목표	수유량 실제	수유를 시작한 쪽 왼쪽	오른쪽	소변	대변	메모
7:00~7:30	수유	0:30				○	○			
7:30~8:00	놀이	0:30								
8:00~10:00	1번째 낮잠	2:00	수면량							
10:00~10:30	수유	0:30				○	○			
10:30~11:00	놀이	0:30								
11:00~1:00	2번째 낮잠	2:00	수면량							
1:00~1:30	수유	0:30				○	○			
1:30~2:00	놀이	0:30								
2:00~4:00	3번째 낮잠	2:00	수면량							
4:00~4:30	수유	0:30				○	○			
4:30~5:00	놀이	0:30								
5:00~5:30	4번째 낮잠	0:30	수면량							
5:30~6:00	놀이	0:30								
6:00~6:15	목욕	0:15								
6:15~7:00	수유	0:45				○	○			
합계			시간		mL					

심플리스트베이비플랜
3~6개월 일지

스케줄과 일지

Simplestbaby.com에서도 심플리스트베이비플랜 양식을 무료로 다운로드할 수 있어요.

심플리스트베이비플랜

날짜: _____

3~6개월 - 낮

시간	활동		수면	수유량 목표 | 실제		수유를 시작한 쪽 왼쪽 | 오른쪽		소변	대변	메모
7:00~7:30	수유	0:30				○	○			
7:30~8:30	놀이	1:00								
8:30~10:00	1번째 낮잠	1:30	수면량							
10:00~11:00	놀이	1:00								
11:00~11:30	수유	0:30				○	○			
11:30~12:00	놀이	0:30								
12:00~2:00	2번째 낮잠	2:00	수면량							
2:00~3:00	놀이	1:00								
3:00~3:30	수유	0:30				○	○			
3:30~4:00	놀이	0:30								
4:00~4:45	3번째 낮잠	0:45	수면량							
4:45~6:30	놀이	1:45								
6:30~6:45	목욕	0:15								
6:45~7:15	수유	0:30				○	○			
7:15	잠									
합계				mL 시간						

심플리스트베이비플랜
6~12개월 일지

스케줄과 일지

Simplestbaby.com에서도 심플리스트베이비플랜 양식을 무료로 다운로드할 수 있어요.

심플리스트베이비플랜 날짜: _____

6~12개월 - 낮

시간	활동		수면	수유량 목표 | 실제		수유를 시작한 쪽 왼쪽 | 오른쪽		소변	대변	메모
7:00~7:30	수유	0:30				○	○			
7:30~9:00	놀이	1:30								
9:00~10:30	1번째 낮잠	1:30	수면량							
10:30~11:30	놀이	1:00								
11:30~12:00	수유	0:30				○	○			
12:00~1:00	놀이	1:00								
1:00~1:30	수유	0:30				○	○			
1:30~2:30	2번째 낮잠	1:00	수면량							
2:30~3:00	놀이	0:30								
3:00~3:30	수유	0:30				○	○			
3:30~4:00	놀이	0:30								
4:00~4:30	3번째 낮잠	0:30	수면량							
4:30~5:00	놀이	0:30								
5:00~6:30	수유	1:30				○	○			
6:30~6:45	목욕	0:15								
6:45~7:15	수유	0:30				○	○			
합계			시간		mL